Heinz-Dieter Fröse · Brandschutz für Kabel und Leitungen

de-FACHWISSEN

Die Fachbuchreihe
für Elektro- und Gebäudetechniker
in Handwerk und Industrie

Heinz-Dieter Fröse

Brandschutz für Kabel und Leitungen

5., überarbeitete Auflage

Hüthig · München/Heidelberg

Bibliografische Information der Deutschen Nationalbibliothek
Die Deutsche Nationalbibliothek verzeichnet diese Publikation in der Deutschen Nationalbibliografie; detaillierte bibliografische Daten sind im Internet über https://portal.dnb.de/ abrufbar.

Möchten Sie Ihre Meinung zu diesem Buch abgeben?
Dann schicken Sie eine E-Mail an das Lektorat
im Hüthig Verlag:
buchservice@huethig.de
Autor und Verlag freuen sich über Ihre Rückmeldung.

ISBN 978-3-8101-0595-0

5. Auflage

Printed in Germany

Titelbild, Layout, Satz: schwesinger, galeo:design

Titelfotos Rechts: Brandschutzhülse der Firma Hilti Deutschland AG
Links: © shutterstock_135059156, Lukas Gojda

Druck: Westermann Druck Zwickau GmbH

Vorwort

Bei der Planung und Errichtung von Gebäuden spielt der Brandschutz eine wichtige Rolle. Dabei fallen dem Elektroinstallateur wesentliche Aufgaben zu. Wenn es in Gebäuden Brandschäden gibt, lassen sie sich häufig auf eine fehlerhafte Installation zurückführen. Sehr oft breitet sich der Brand dann über die Kabeltrassen aus, sodass es zu einer Verrauchung des Gebäudes und zur Verbreitung korrosiver Gase kommt.

Der Brandschutz in elektrischen Kabel- und Leitungsanlagen betrachtet folgende Schwerpunkte:

- Brandentstehung durch fehlerhafte Elektroinstallation,
- Erhöhung der Brandlast durch elektrische Kabel- und Leitungsanlagen in Flucht- und Rettungswegen,
- Durchdringung von Brandabschnitten mit brennbaren Kabeln und Leitungen,
- Ausfall der Stromversorgung infolge des Abbrennens von Kabel- und Leitungsanlagen, die der Versorgung sicherheitsrelevanter Geräte und Anlagen dienen.

Der Installateur muss auf allen diesen Gebieten gründliche Kenntnisse haben, um in seiner täglichen Arbeit die Maßnahmen zu ergreifen, die notwendig sind, um den sicheren Betrieb eines Gebäudes zu gewährleisten. Er muss aber auch das umfangreiche Sortiment von Produkten zum Brandschutz für elektrische Kabel- und Leitungsanlagen kennen, das der Markt bietet, und sich mit diesen Produkten vertraut machen, um sie richtig, d. h. nach den Bedingungen der Prüfzeugnisse, einbauen zu können. Damit er den gesetzlichen Anforderungen voll und ganz genügen kann, bietet das Buch das dazu erforderliche Rüstzeug. Es enthält Ausführungen zu den oben genannten Gebieten des Brandschutzes. Auf die Fragestellung der Entstehung eines Brandes durch fehlerhafte Dimensionierung oder Installation von Kabel- und Leitungsanlagen soll an dieser Stelle jedoch nicht eingegangen werden.

Das Buch enthält auch Ausführungen zur Brandentstehung und zum Brandverhalten der Werkstoffe, die für Kabel, Leitungen, Verteiler usw. verwendet werden. Mit einer Vielzahl von Tabellen und Erläuterungen bietet es die Grundlage für das Verständnis der physikalischen Zusammenhänge.

Da die europäische Kennzeichnung von Kabeln nach ihrem Brandverhalten (siehe Abschnitt 3.3 „Kennzeichnung des Brandverhaltens nach DIN EN 13501“) noch nicht in die nationale Normenwelt übernommen wurde, wurde im Buch auf eine durchgängige europäische Kennzeichnung verzichtet.

Bei der Bearbeitung dieses Werks erhielt ich von vielen Seiten Unterstützung. Insbesondere von den Vertretern der Hersteller, die mich mit aktuellen Informationen über Produkte versorgt haben. Besonderer Dank gilt aber an dieser Stelle dem Redakteur der Fachzeitschrift de *Michael Muschong* für seine Anregungen und Hilfestellungen sowie den Mitarbeitern des Lektorats.

Heinz-Dieter Fröse

Inhaltsverzeichnis

1 Einleitung

Ziel einer jeden Baumaßnahme muss es sein, dass von ihr keine Gefährdung, gleich welcher Art, ausgeht. Dabei spielt die Brandgefährdung seit jeher eine große Rolle. Beleg dafür sind die überlieferten Brandkatastrophen, die ganze Städte in Schutt und Asche gelegt haben. Die daraus gewonnen Erfahrungen haben sich im Laufe der Zeit in den technischen Regeln und dem Baurecht niedergeschlagen.

1.1 Forderungen an den Brandschutz

Die Grundsatzanforderungen, wie sie im Baurecht niedergelegt sind, zeigt **Bild 1.1**. Die hier gestellten Anforderungen lassen sich nur durch fundierte Kenntnisse der Brandentstehung und der daraus abzuleitenden Folgen sicher beherrschen.

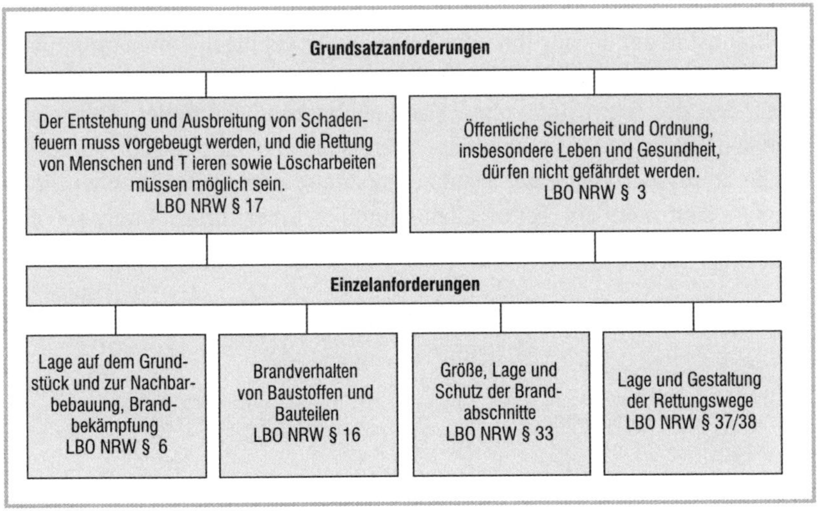

Bild 1.1 Forderungen aus dem baulichen Brandschutz am Beispiel der Landesbauordnung Nordrhein-Westfalen

1.2 Das Wesen eines Feuers

Die Frage, warum es brennt, kann mit dem Feuerdreieck **(Bild 1.2)** recht einprägsam erläutert werden. So sind zur Entfachung eines richtigen Feuers drei Elemente notwendig: Zum einen ist ein *Brennstoff* erforderlich, der unter den vorherrschenden Bedingungen brennt. Dafür muss eine bestimmte *Wärmemenge* vorhanden sein. Ist diese Wärmemenge nicht vorhanden, brennt der Brennstoff nicht. Ein einfaches Beispiel dafür ist Öl. Jeder Versuch, kaltes Öl zu entzünden, scheitert. Erst wenn der Brennstoff Öl eine für ihn ausreichende Temperatur angenommen hat, beginnt er, wenn ausreichend *Luft* (hier ist der in der Luft enthaltene *Sauerstoff* gemeint) vorhanden ist, zu brennen. Die Notwendigkeit von hinreichendem Sauerstoff zur Verbrennung lässt sich einfach mit der Kerze im Glas nachweisen. Wird ein Glas, in dem eine Kerze brennt, verschlossen, so dass keine Luft mehr einströmen kann, verlischt die Kerze, obgleich noch eine ausreichende Temperatur zum Weiterbrennen vorhanden ist.

Aus dem Bild ist auch das Weiterbestehen eines Feuers erklärbar. Durch das Feuer entsteht Wärme, die durch eine Wärmeübertragung zum Brennstoff – durch Wärmeleitung oder durch Wärmestrahlung – dafür sorgt, dass der Brennstoff auf der für ihn zum Brennen notwendigen Temperatur, oberhalb der *Zündtemperatur*, gehalten wird. Das kann dazu führen, dass ein Entzünden des Brennstoffs ohne Flammeinwirkung stattfindet. Zum einen kann ein Feuer bei ausreichendem Brennstoff und Luftangebot durch die Temperatureinwirkung einer Flamme entstehen und weiter brennen. Zum anderen lässt sich ein Feuer allein durch Temperaturerhöhung auf den

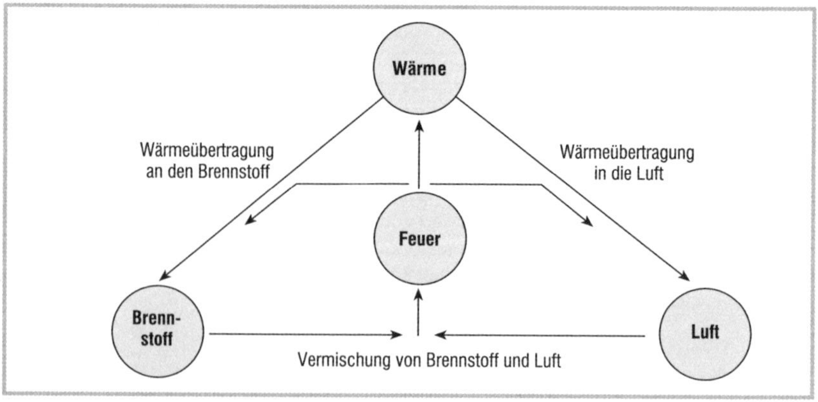

Bild 1.2 Feuerdreieck

Flammpunkt des Brennstoffs entzünden und unter ausreichender Brennstoff- und Luft(Sauerstoff)zufuhr aufrechterhalten. Die meisten Brennstoffe entwickeln im Temperaturbereich von 400 °C bis 1000 °C brennbare Gase, die aus dem Brennstoff ausströmen und sich in der Umgebung verteilen. Bei ausreichender Konzentration und bei einem ausreichenden Sauerstoffangebot entzünden sich diese Gase. Das hat zur Folge, dass es zu einer weiteren Brandausdehnung kommen kann.

Ein Brand kann nur gelöscht werden, wenn das Feuerdreieck aufgebrochen wird. Dies geschieht entweder durch Abkühlen der Brandstelle, durch Entziehen von Sauerstoff oder durch Entfernen des Brennstoffs. Alle vorbeugenden Maßnahmen zur Verhinderung eines Brandes zielen darauf, dass entweder kein Brennstoff zur Verfügung steht, oder dass eine Wärmeübertragung auf vorhandene Brennstoffe unterbunden wird. Diese Maßnahmen erfordern bestimmte technische Mittel, die in Verordnungen festgelegt sind. Dabei darf man jedoch nicht über das Ziel hinausschießen und unangemessen hohe Kosten verursachen.

1.3 Entstehung eines Feuers

Wird der Brandverlauf in **Bild 1.3** genauer betrachtet, so zeigt sich, dass einer Brandentstehung zunächst eine *Zündphase* vorausgeht. Während dieser Zündphase werden von einer Zündquelle die umliegenden Werkstoffe entzündet. Dazu ist eine bestimmte Temperatur erforderlich, die von dem zu entzündenden Material abhängt. Diese kann z. B. dadurch aufgebracht

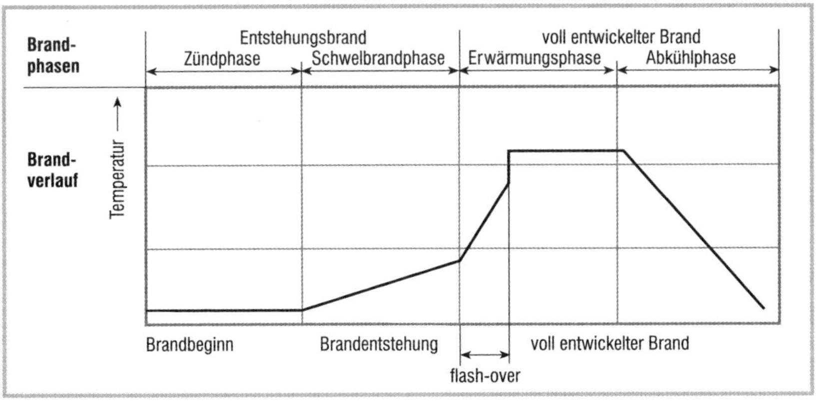

Bild 1.3 Brandverlauf

werden, dass eine heiße Schweißperle oder eine glühende Zigarettenkippe auf einen Werkstoff fällt, dessen Zündtemperatur unter der Temperatur der Zündquelle liegt. Die Folge ist ein *Schwelbrand.* Dieser führt in der Umgebung zu einer Temperaturerhöhung und somit zur weiteren Entzündung von umliegenden Brennstoffen. Diese Temperaturerhöhung geht so lange weiter, bis alle im Brandraum befindlichen Brennstoffe über ihre Zündtemperatur erwärmt wurden. Danach stehen alle Brennstoffe in Flammen. Nach diesem als *flash-over* bezeichneten Zustand steigt die Temperatur im Brandraum weiter bis auf ca. 1.000 °C. Nachdem die Maximaltemperatur erreicht ist, beginnt die Temperatur durch das Verringern des Brennmaterials zu sinken. Die *Abkühlphase* tritt ein. Sie ist beendet, wenn das gesamte brennbare Material verbrannt ist. Beendet werden kann diese Phase auch durch Entzug von Sauerstoff oder durch Abkühlung im Rahmen von Löschmaßnahmen.

Die Bedingungen, die zu einem voll entwickelten Brand führen und dessen Intensität beeinflussen, sind umfangreich. Ebenso sind die Längen der einzelnen Phasen, die den Brandverlauf kennzeichnen, von einer Reihe von Faktoren abhängig, die im Folgenden aufgezeigt werden.

1.4 Einflüsse auf den Brandverlauf

Einer der wichtigsten Faktoren ist die *Entflammbarkeit* des Brennstoffs. In Verbindung mit der Brandtemperatur hat sie wesentlichen Einfluss auf die Zeit zwischen Zündphase und Schwelbrandphase. Auch die *Menge des Stoffs* ist ein wichtiger Faktor. Nach dem flash-over ist die Dauer des Brandes nahezu ausschließlich von der Brennstoffmenge abhängig. Dabei spielt nur noch die *Sauerstoffzufuhr* eine Rolle. Die Zufuhr von Sauerstoff beschleunigt die Temperaturerhöhung während der Brandphase. Dadurch wird der Brennstoff schneller umgesetzt, und eine Beschleunigung der Brennstoffvernichtung mit einem beschleunigten Brandende ist die Folge. Bei geringer Sauerstoffzufuhr kann die Verbrennungsgeschwindigkeit dagegen zurückgehen, so dass ein Schwelbrand entsteht. Dieser kann aber nach erneuter Sauerstoffzufuhr in einen neuen flash-over übergehen, z.B. wenn durch unkontrolliertes Öffnen von Fenstern oder Türen Zugluft im Brandraum entsteht und damit ein Luftaustausch stattfindet. Diese Gefahr ist bei ausreichendem Restbrennstoff sehr groß und für die an den Löscharbeiten Beteiligten bedrohlich. Eine Zusammenfassung der Faktoren zeigt **Bild 1.4.**

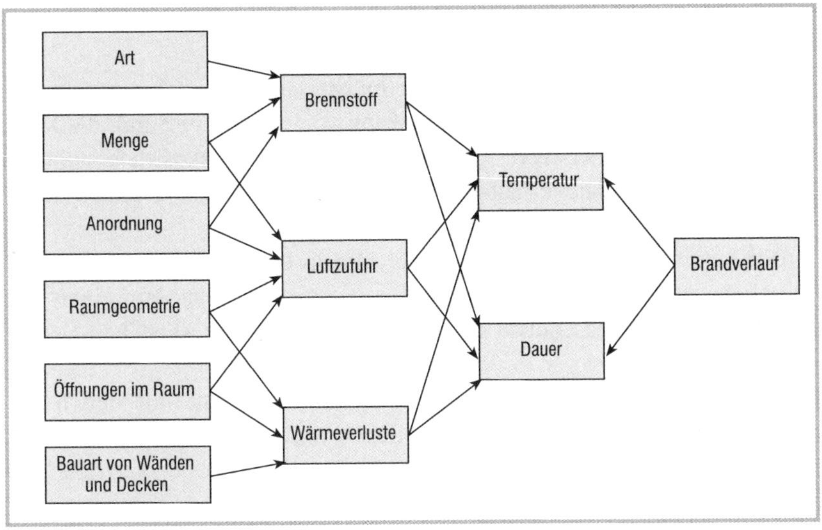

Bild 1.4 Einflüsse auf den Brandverlauf

Weitere Abhängigkeiten bestehen in der Anordnung der brennbaren Werkstoffe. Liegen diese gehäuft in einem Raum, so kann ein Brand nicht die gesamte Schichtung durchdringen. Liegen die Brennstoffe jedoch fein verteilt vor, so ist die Gefahr der gleichzeitigen Entzündung der gesamten Masse recht groß. Dabei spielt auch die geometrische Anordnung im Raum eine wesentliche Rolle. Die Luftzufuhr, die sich aus der Anordnung der Brennstoffe im Raum ergibt, ist ausschlaggebend für die Beschleunigung des Brandes. Öffnungen im Raum, durch die frische Luft eindringen kann, haben deshalb einen großen Einfluss auf das Brandgeschehen. Allerdings können durch Öffnungen in der Decke des Brandraumes die heißen Brandgase abgeführt werden, sodass die Brandraumtemperatur sinkt. Die Bauart der Wände und Decken führt im Brandfall zu einer Wärmeableitung oder, wenn es sich um brennbare Bauteile handelt, zu einer Vergrößerung der Brennstoffmenge und somit zu einer Verstärkung des Brandes.

Zusammenfassend kann gesagt werden, dass der Brandverlauf, der durch Temperatur und Dauer gekennzeichnet ist, abhängig ist von der Menge der Brennstoffe, die zur Verbrennung zur Verfügung stehen, von der Luftzufuhr zum Brandherd und von den Wärmeverlusten am Brandort. Für den Bauausführenden ist jedoch ausschließlich der Faktor Brennstoff durch die Materialauswahl wählbar. Deshalb wird im Folgenden auf das Brandverhalten einiger in der Elektrotechnik wichtiger Werkstoffe eingegangen.

1.5 Brandverhalten von Kabeln und Leitungen

Das Brandverhalten von Kabeln und Leitungen hängt grundsätzlich von den verwendeten Isoliermaterialien ab. Es kann vom Hersteller durch die Kombination verschiedener Werkstoffe gesteuert werden. Zusätzlich besteht die Möglichkeit, das Brandverhalten durch die Konstruktion der Kabel zu beeinflussen.

Der Begriff des halogenfreien Kabels wird in diesem Zusammenhang oft fälschlicherweise genannt. Festzustellen ist, dass die Halogenfreiheit der Brandgase keine Rückschlüsse auf das Brandverhalten der Kabel und Leitungen zulässt.

Nachfolgend sollen einige Begriffe erläutert werden, mit denen das Brandverhalten von Werkstoffen beschrieben werden kann.

1.5.1 Leicht brennbar

Ein Werkstoff ist *leicht brennbar,* wenn er durch eine Zündflamme in Brand gesetzt werden kann, danach allein weiterbrennt und selbstständig nicht verlischt. Kabel und Leitungen dieser Bauart können Brände sowohl in einzelner Verlegung als auch als Kabelbündel weiterleiten.

1.5.2 Flammwidrig

Ein Werkstoff ist *flammwidrig,* wenn er durch eine Zündflamme in Brand gesetzt werden kann, jedoch nur so lange weiterbrennt, wie die Zündflamme auch vorhanden ist. Nach Entfernen der Zündflamme erlischt das Material schnell von selbst.

Folgende Werkstoffe stehen beispielhaft für die flammwidrige Isolierung von Kabeln und Leitungen:

- PCV,
- Polychlorophen,
- ummantelte Gummischlauchleitungen.

Einzelkabel mit dieser Isolierung tragen einen Brand nicht weiter, bei Bündeln besteht jedoch die Gefahr der Brandweiterleitung.

1.5.3 Flammbeständig

Ein Werkstoff ist *flammbeständig,* wenn er durch eine Zündflamme in Brand gesetzt werden kann, jedoch nach Entfernen der Zündflamme nicht wesentlich über den entflammten Bereich hinaus weiterbrennt und danach schnell verlischt.

Die Isolierwerkstoffe von Kabeln und Leitungen mit *Funktionserhalt* sind in der Regel schwer entflammbar oder mit Flammschutzmitteln versetzt. Ein Weiterbrennen von Einzelkabeln, wie auch von Kabelbündeln, ist nicht zu befürchten.

1.5.4 Feuerbeständig

Ein Werkstoff ist *feuerbeständig,* wenn er durch eine Zündflamme über eine bestimmte Zeit nicht in Brand gesetzt werden kann. Nach DIN 4102 wird die Feuerbeständigkeit in einem genau festgelegten Prüfverfahren ermittelt. Für Kabel wird dieser Test nach Teil 12 durchgeführt. Dem entgegen steht die Beurteilung der Kabel in Bezug auf das Brandverhalten nach DIN VDE 0472-814:1991-01; VDE 0472-814:1991-01. Hier werden das Verhalten im Brandfall, die dabei auftretenden Brandgase sowie der Rauch beurteilt. Die Isolationsfähigkeit bei einem Brand gibt jedoch keine hinreichende Auskunft über den tatsächlichen Funktionserhalt in einem Brandfall. Hierzu sollten die Umgebungsbedingungen, wie Verlegeart, mechanische Belastung und der Einsatz von Löschmitteln, berücksichtigt werden.

Die Feuerbeständigkeit wird durch den Aufbau der Kabel und Leitungen bestimmt. Feuerbeständig bis zu Temperaturen von 1000 °C sind die *mineralisolierten Kabel.* Sie sind die einzigen, die einen Löschmitteleinsatz unbeschadet überstehen und nach einem Brand weiterbetrieben werden können, weil sie mechanisch stabil geblieben sind. Übrige Kabel, in den verschiedensten Ausführungen und Verlegesystemen, funktionieren zwar über einen definierten Zeitraum, sind jedoch nach einem Löschmitteleinsatz und nach einem Brand nicht weiterzubetreiben.

1.5.5 Raucharm

Ein Werkstoff ist umso *rauchärmer,* je weniger schwarzen Rauch er bei einem Brand entwickelt. Die Prüfung der Rauchdichte erfolgt in einem Prüfverfahren nach DIN VDE 0472. Hierbei wird der entstehende Rauch durch eine optische Messstrecke geleitet und die Lichtabsorption als Maß verwendet.

1.5.6 Halogenfrei

Die *Halogenfreiheit* von Kabeln und Leitungen bewirkt, dass die Brandgase, die beim Abbrennen der Kabel und Leitungen entstehen, halogenfrei sind. Für diese Kabel werden Isolier- und Mantelwerkstoffe verwendet, die keine Halogene enthalten, also weder Chlor, Brom, Fluor noch Jod. Halogenhaltige Brandgase können in Verbindung mit dem Löschwasser oder der Luftfeuchte korrosive Verbindungen aufbauen.

1.5.7 Korrosive Brandgase

Die *Korrosivität* der Brandgase ist ein wesentlicher Aspekt, unter dem die Brandfolgeschäden zu beurteilen sind. Neben Halogenen können auch andere korrosive Chemikalien freigesetzt werden. So ist beispielsweise bei der Verbrennung von PVC das freigesetzte Chlorwasserstoffgemisch in der Lage, mit Feuchtigkeit Salzsäure zu bilden. Dabei ist es unerheblich, ob die Feuchtigkeit aus dem Löschwasser oder aus der Luftfeuchtigkeit stammt. Bei einem Brand freigesetzte Schwefelverbindungen sind ebenfalls sehr korrosiv. Diese entstehen zum Beispiel bei der Verbrennung von Gummi.

1.5.8 Toxische Brandgase

Die *Toxität* (Giftigkeit) von Brandgasen hängt nicht allein von der Verbrennung von Kunststoffen ab. Auch bei der Verbrennung natürlicher Werkstoffe, z.B. Holz, entstehen giftige Brandgase:

- Kohlendioxid,
- Kohlenmonoxid,
- Kohlenstoff in Form von Ruß.

Bei der Verbrennung von Kunststoffen, insbesondere von PVC, treten infolge des Chlorgehalts Dioxine auf. Diese sind jedoch nicht auf PVC beschränkt, sondern kommen auch vor, wenn Brom am Verbrennungsprozess beteiligt ist. Dabei beschränkt sich das Vorkommen nicht ausschließlich auf Kunststoffe. Auch bei der Verbrennung von Holz, Papier und Wolle können Dioxine freigesetzt werden.

Eine akute Gefährdung für den Menschen bilden die beiden Verbrennungsgase Kohlendioxid und Kohlenmonoxid.

Kohlendioxid ist das Produkt einer vollständigen Verbrennung organischer Stoffe. Es ist ein nicht brennbares, farbloses Gas, das schwerer ist als Luft. Kohlendioxid ist zu 0,03 % in der normalen Luft enthalten. Nach

Tabelle 1.1 ist ein Anteil von 4 % bis 6% in der Atemluft für den Menschen gefährlich, ein Anteil von über 12 % führt zu sofortiger Bewusstlosigkeit.

Kohlenmonoxid entsteht als Verbrennungsprodukt bei der unvollständigen Verbrennung von organischen Produkten. Es ist ein farbloses, geruchloses Gas. Kohlenmonoxid ist bereits bei einem Anteil von 0,03 % in der Atemluft lebensgefährlich. Es verdrängt im Blut den Sauerstoff vom Hämoglobin. Dadurch kommt es zum Sauerstoffmangel in den Zellen, der zur Erstickung führt. Die Wirkung ist in **Tabelle 1.2** aufgezeigt.

Tabelle 1.1 Wirkung von Kohlendioxid in der Atemluft auf den Menschen (nach Max Daunderer, klinischer Toxikologe, Internist, Umweltmediziner)

CO_2-Konzentration in der Luft in ppm	Krankheitssymptome beim Menschen
250 ... 350	normale CO_2-Konzentration in der Luft
900 ... 5.000	ohne Wirkung
5.000	TLV- und MAK-Wert
18.000	Atmung um mindestens 50 % verstärkt
25.000	Atmung um mindestens 100 % verstärkt
30.000	schwach narkotisch, Hörschärfe nimmt ab, Blutdruck- und Pulsanstieg
40.000	Atmung um 300 % verstärkt, Kopfschmerz, Schwäche
50.000	Vergiftungssymptome, nach 30 min Kopfschmerz
80.000	Schwindel, Bewusstseinstrübung
90.000	Tod innerhalb von 4 Stunden
120.000	plötzliche Bewusstlosigkeit, Tod innerhalb von Minuten
200.000	plötzliche Bewusstlosigkeit, Erstickungstod

Tabelle 1.2 Wirkung von Kohlenmonoxid in der Atemluft auf den Menschen (nach Max Daunderer, klinischer Toxikologe, Internist, Umweltmediziner)

CO-Konzentration in der Luft in ppm	Krankheitssymptome beim Menschen
25	TLV in Laborbedingungen, bei hohen Temperaturen und schlechter Belüftung
50	MAK-Wert
100	auch nach längerer Zeit keine Vergiftungssymptome
200	Kopfschmerz nach 2 bis 3 Stunden
300	Vergiftungszeichen nach 2 bis 3 Stunden, CO-Vergiftung
400	Vergiftungszeichen nach 1 bis 2 Stunden, CO-Vergiftung
500	Halluzinationen nach 30 bis 120 min
1.000	Gangstörung, Tod nach 1 bis 2 Stunden
1.500	Tod nach einstündiger Inhalation
3.000	Tod nach 30 min Inhalation
8.000 und höher	plötzlicher Erstickungstod

1.5.9 Brandlast

Die Brandlast eines Werkstoffs ist diejenige Energiemenge, die durch Verbrennung freigesetzt wird. Sie ist lediglich abhängig von der Art und der Menge der brennbaren Werkstoffe, die zur Herstellung des Kabels verwendet wurden. Aus der Brandlast kann keine Aussage über den Funktionserhalt von Kabeln und auch nicht über die Freisetzung von Halogenen abgeleitet werden. Angaben zur Brandlast sind in verschiedenen Tabellen enthalten; für den Elektroinstallateur ist die Tabelle in der VdS 2134:2010-12 „Verbrennungswärme der Isolierstoffe von Kabeln und Leitungen; Merkblatt für die Berechnung von Brandlasten“ die zugänglichste Quelle.

1.5.10 Kennzeichnung besonderer Eigenschaften im Brandfall

Die **Tabelle 1.3** enthält die in der Technik üblichen Kennzeichnungen für die Eigenschaften von Kabeln und Leitungen im Brandfall. Dabei wurde auch die Herkunft der Bezeichnung aufgeführt.

Tabelle 1.3 Kennzeichnungen für die Eigenschaften von Kabeln und Leitungen im Brandfall

Nr.	Kurzzeichen	Bedeutung	Herkunft
1	E	Funktionserhalt-Klasse, z. B. E30 = 30 min in Verbindung mit dem Verlegesystem	DIN 4102, Teil 12, Brandverhalten von Baustoffen und Bauteilen; Funktionserhalt von elektrischen Kabelanlagen
2	FE	Isolationserhalt unter Flammeinwirkung, z. B. FE180 = 180 min, gilt allein für das Kabel	DIN VDE 0266-3, Kabel mit verbessertem Verhalten im Brandfall; halogenfreie, raucharme Kabel mit verminderter Brandweiterleitung und Isolationserhalt
3	FR	flammwidrig, gilt allein für das Kabel	aus dem Englischen: »flame retardant«, in Firmenkatalogen verwendet, nicht genormt
4	NC	kein korrosiver Rauch	aus dem Englischen: »non corrosive«, in Firmenkatalogen verwendet, nicht genormt

1.5.11 Sauerstoffindex (LOI)

Der Sauerstoffindex gibt an, bei welchem Sauerstoffgehalt in % der umgebenden Atmosphäre eine Probe weiterbrennt. Daraus kann das Brandverhalten eines Werkstoffs hinsichtlich der Entzündbarkeit und des Weiterbrennens gefolgert werden. Eine Schlussfolgerung für das Brandverhalten eines Kabels ist jedoch nicht zulässig, weil das Brandverhalten eines solchen Systems von weiteren Faktoren abhängig ist, z. B. vom Aufbau des Kabels oder von den Zuschlagstoffen, mit denen das Basismaterial versehen wurde. Schirme und Bewehrungen ändern das Brandverhalten zusätzlich. Je kleiner der LOI-Wert ist, desto brennbarer ist ein Werkstoff. Für normales PVC liegt der LOI-Wert bei 27, er kann jedoch durch Zuschlagstoffe auf Werte zwischen 30 und 40 gesteigert werden. **Tabelle 1.4** zeigt die Verknüpfung von LOI-Wert und Brandverhalten.

Tabelle 1.4 Sauerstoffindex (LOI) und Brandverhalten

Sauerstoffindex (LOI)	**Brandverhalten**
≤ 23	brennbar
24 … 28	bedingt flammwidrig
29 … 35	flammwidrig
≥ 36	besonders flammwidrig

2 Gesetzliche Anforderungen

2.1 Allgemeines Recht

Die rechtlichen Anforderungen an eine technische Anlage werden häufig erst beachtet, wenn nach einem Schaden die Frage auftritt, ob die Ausführung der Anlage auch den Anforderungen entsprochen hat. Dazu wird zunächst die vertragliche Grundlage eine wichtige Rolle spielen. Die allgemeine Verantwortung des Planenden und auch des Ausführenden einer baulichen Anlage sollte jedoch grundsätzlich klar sein. Normalerweise ist der Fachmann der einzige, der die Folgen seines Handelns beurteilen kann und die Verantwortung dafür übernehmen muss.

Diese Verantwortung ergibt sich aus dem allgemeinen Recht der Bundesrepublik Deutschland und aus dem speziellen Recht der Bundesländer, dem Baurecht. Die Stellung der deutschen Gesetze und Verordnungen zueinander zeigt **Bild 2.1**. Diese allgemeine Verantwortung wird im Folgenden anhand einiger Gesetze beleuchtet. Es soll damit kein Horrorszenario entworfen werden, sondern dem Planer und auch dem Ausführenden soll klargemacht werden, dass der Gesetzgeber die Gefahren gesehen hat, die durch Unachtsamkeit für die Allgemeinheit entstehen können. Dass der Einzelne dabei mit Konsequenzen für sein Fehlverhalten rechnen muss, ist nicht mehr als gerechtfertigt. Dabei gilt auch der Grundsatz, dass Unwissenheit nicht vor Strafe schützt.

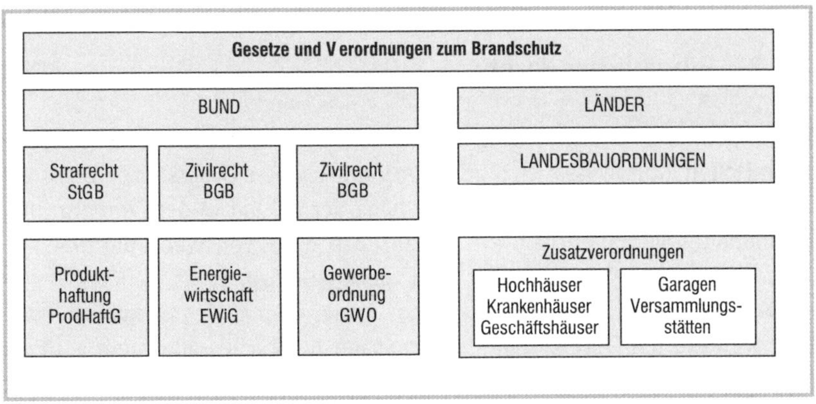

Bild 2.1 Stellung der Gesetze und Verordnungen mit Vorschriften über den Brandschutz

2.1.1 Grundrecht

Das *Grundgesetz* beschäftigt sich im Hinblick auf die Belange der Haustechnik unter anderem mit der Abgrenzung der Gesetzgebung zwischen dem Bund und den Ländern. Die *Landesbauordnungen* mit ihren Verordnungen über Gebäude besonderer Art und Nutzung resultieren aus dieser Tatsache. Dazu ist auch der Artikel 80 zu beachten, der außerhalb des Gesetzgebungsverfahrens die Möglichkeit schafft, mit Hilfe von Verordnungen regelnd einzugreifen. Diese Möglichkeit gibt dem Regulierungsverfahren eine hohe Flexibilität. Die Gesetze enthalten ausschließlich eine Rahmen gebende Definition; die Vorgaben zur exakten Ausführung des nach den Gesetzen Gewollten bleiben den *Verordnungen* vorbehalten.

Dazu bedient sich der Gesetzgeber auch der privaten Fachkompetenz, indem er den *Normen von DIN und VDE* für den Bereich der Haustechnik den Stellenwert von Verordnungen einräumt. Die VDE-Bestimmungen sind in der „Zweiten Durchführungsverordnung zum Energiewirtschaftsgesetz", deren Neufassung 1987 im Bundesgesetzblatt I auf Seite 146 veröffentlicht wurde, bereits im Jahr 1936 als „Regeln der Technik" benannt worden:

!

1. Elektrische Energieanlagen und Energieverbrauchsgeräte sind ordnungsgemäß, d. h. nach den anerkannten Regeln der Elektrotechnik, einzurichten und zu unterhalten.
2. Als solche Regeln gelten die Bestimmungen des Verbandes Deutscher Elektrotechniker (VDE).

§ 1 der „Zweiten Durchführungsverordnung zum Energiewirtschaftsgesetz"
vom 31.8.1937, RGBl. I S.918

2.1.2 Bürgerliches Recht

Die allgemeine Verantwortung des Planers oder Errichters einer elektrotechnischen Anlage lässt sich aus dem *Bürgerlichen Gesetzbuch* (BGB) ableiten. Dazu stellt das BGB die Frage nach der Schuld in den Vordergrund. Schuldhaftes Verhalten liegt z. B. nach § 276 dann vor, wenn die im „Verkehr erforderliche Sorgfalt außer Acht" gelassen wird.

Diese erforderliche Sorgfalt kann der Planer oder Errichter nur nachweisen, wenn er die Gesetze und, wie es später heißt, die „allgemein gültigen Regeln der Technik" berücksichtigt. Diese *Regeln der Technik* sind im Allgemeinen die DIN-Normen, die auch die VDE-Bestimmungen einschließen.

Dabei ist jedoch zu beachten, dass es nicht genügt, eine wissenschaftlich fundierte Ansicht zu vertreten. Diese muss auch derart von der Fachwelt anerkannt sein, dass die angesprochenen Verfahren tatsächlich praktiziert werden. Allein in der Theorie vorhandene Erkenntnisse haben somit noch nicht den Status von „allgemein gültigen Regeln der Technik".

Im Bürgerlichen Gesetzbuch ist auch die *Haftungsfrage* angesprochen. Für Fehler, die der Erfüllungsgehilfe, also der Mitarbeiter, macht, steht seine Firma ein. Diese Haftung der Firma kann nur dann eingeschränkt werden, wenn der Erfüllungsgehilfe vorsätzlich handelt. In diesem Fall haftet der Erfüllungsgehilfe allein, und zwar durch sein eigenes Verschulden gemäß § 276, die Firma ist dann von der Haftung frei.

2.1.3 Strafrecht

Im Abschnitt 28 „Gemeingefährliche Straftaten" des *Strafgesetzbuches* (StGB) werden diejenigen Straftatbestände angesprochen, mit denen der Elektroinstallateur im Fall der Nichtbeachtung der Brandschutzmaßnahmen in Konflikt geraten kann. Die jeweilige Aussage von

- § 306 Brandstiftung,
- § 306 a Schwere Brandstiftung,
- § 306 b Besonders schwere Brandstiftung,
- § 306 c Brandstiftung mit Todesfolge,
- § 306 d Fahrlässige Brandstiftung,
- § 306 e Tätige Reue und
- § 306 f Herbeiführen einer Brandgefahr

ist recht eindeutig. Besonders wichtig ist darüber hinaus die im § 319 „Baugefährdung" gestellte Forderung nach der Anwendung der „allgemein anerkannten Regeln der Technik". Werden diese richtig angewendet, so ist der Umkehrschluss zulässig, dass der Tatbestand der Baugefährdung nicht erfüllt ist.

> !
>
> § 319 Baugefährdung
>
> (1) Wer bei der Planung, Leitung oder Ausführung eines Baues oder des Abbruchs eines Bauwerks gegen die allgemein anerkannten Regeln der Technik verstößt und dadurch Leib oder Leben eines anderen gefährdet, wird mit Freiheitsstrafe bis zu fünf Jahren oder mit Geldstrafe bestraft.

2.2 Baurecht

2.2.1 Musterbauordnungen

Da das Baurecht in der Bundesrepublik Deutschland den Ländern übertragen ist, hat auch jedes Bundesland seine eigene Bauordnung. Um der Bauwirtschaft aus dieser pluralistischen Regelung und der damit verbundenen Verunsicherung herauszuhelfen, hat die Bauministerkonferenz mit der Musterbauordnung eine Orientierung für die Länder geschaffen. Die zurzeit gültige Musterbauordnung stammt aus dem Jahr 2002. Die Musterbauordnung MBO 2002 wurde zuletzt im Jahr 2020 geändert. Einige Bundesländer haben diese Musterbauordnung bereits komplett oder im Wesentlichen übernommen. Sie bringt gegenüber den in den Ländern gültigen Bauordnungen einige Änderungen mit sich.

Die Gebäude werden fortan in 5 *Gebäudeklassen* eingeteilt:

Gebäudeklasse 1 a	frei stehende Gebäude bis 7 m Höhe und nicht mehr als 2 Nutzungseinheiten von insgesamt nicht mehr als 400 m²
Gebäudeklasse 1 b	freistehende land- und forstwirtschaftlich genutzte Gebäude
Gebäudeklasse 2	Gebäude bis 7 m Höhe und nicht mehr als 2 Nutzungseinheiten mit zusammen nicht mehr als 400 m²
Gebäudeklasse 3	sonstige Gebäude bis zu einer Höhe von 7 m
Gebäudeklasse 4	Gebäude bis zu einer Höhe von 13 m und Nutzungseinheiten mit jeweils nicht mehr als 400 m²
Gebäudeklasse 5	sonstige Gebäude einschließlich unterirdischer Gebäude

In der Gebäudeklassifizierung sind auch Sonderbauten vorgesehen. Das sind Anlagen besonderer Art oder Nutzung. Diese Bauten wurden in einigen Bauordnungen unter der Bezeichnung „Bauliche Maßnahmen für besondere Personengruppen" geführt. Dazu zählen nach MBO 2002:

- Hochhäuser (Gebäude mit einer Höhe von mehr als 22 m),
- bauliche Anlagen mit einer Höhe von mehr als 30 m,
- Gebäude mit mehr als 1600 m² Grundfläche des Geschosses mit der größten Ausdehnung, ausgenommen Wohngebäude,
- Verkaufsstätten, deren Verkaufsräume und Ladenstraßen eine Grundfläche von insgesamt mehr als 800 m² haben,
- Gebäude mit Räumen, die einer Büro- oder Verwaltungsnutzung dienen und einzeln eine Grundfläche von mehr als 400 m² haben,

- Gebäude mit Räumen, die einzeln für die Nutzung durch mehr als 100 Personen bestimmt sind,
- Versammlungsstätten
  a) mit Versammlungsräumen, die insgesamt mehr als 200 Besucher fassen, wenn diese Versammlungsräume gemeinsame Rettungswege haben,
  b) im Freien mit Szenenflächen und Freisportanlagen, deren Besucherbereich jeweils mehr als 1.000 Besucher fasst und ganz oder teilweise aus baulichen Anlagen besteht,
- Schank- und Speisegaststätten mit mehr als 40 Gastplätzen, Beherbergungsstätten mit mehr als 12 Betten und Spielhallen mit mehr als 150 m^2 Grundfläche,
- Krankenhäuser, Heime und sonstige Einrichtungen zur Unterbringung oder Pflege von Personen,
- Tageseinrichtungen für Kinder, behinderte und alte Menschen,
- Schulen, Hochschulen und ähnliche Einrichtungen,
- Justizvollzugsanstalten und bauliche Anlagen für den Maßregelvollzug,
- Camping- und Wochenendplätze,
- Freizeit- und Vergnügungsparks,
- fliegende Bauten, soweit sie einer Ausführungsgenehmigung bedürfen,
- Regallager mit einer Oberkante Lagerguthöhe von mehr als 7,50 m,
- bauliche Anlagen, deren Nutzung durch Umgang oder Lagerung von mit Explosions- oder erhöhter Brandgefahr verbunden ist,
- Anlagen und Räume, die bisher nicht aufgeführt und nach Art oder Nutzung mit vergleichbaren Gefahren verbunden sind.

Die Anforderung an das *Brandverhalten* von Baustoffen wird neu beschrieben. Es werden drei Typen herausgestellt:

- nicht brennbare,
- schwer entflammbare,
- normal entflammbare

Baustoffe. Daraus werden die Begriffe für

- feuerbeständige,
- hochfeuerhemmende und
- feuerhemmende

Bauteile abgeleitet.

Für Öffnungen in Brandwänden gilt, dass sie feuerbeständig und dicht abschließend sein müssen. Sie sind auf die Zahl und Größe zu beschränken, die für die Nutzung erforderlich ist. Leitungen dürfen durch raumabschließende Bauteile, für die eine Feuerwiderstandsfähigkeit vorgeschrieben ist, nur hindurchgeführt werden, wenn eine Brandausbreitung ausreichend lange nicht zu befürchten ist oder Vorkehrungen hiergegen getroffen sind. Ausnahmen hierzu bilden Decken der Gebäudeklassen 1 und 2.

Aus dieser Neuerung entstehen auch Folgen für die *Muster-Leitungsanlagen-Richtlinie* (MLAR). Diese aus dem Jahr 1988 stammende Musterrichtlinie der Bauministerkonferenz wurde Anfang 2006 in der an die Musterbauordnung 2002 angeglichenen Fassung veröffentlicht und zuletzt 2021 aktualisiert. Danach kann sie in den einzelnen Bundesländern als Landesrecht veröffentlicht werden. Über die MBO hinaus sind von der Konferenz der für Städtebau, Bau- und Wohnungswesen zuständigen Minister und Senatoren der Länder (Bauministerkonferenz) weitere Musterordnungen veröffentlicht worden.

Nachfolgend ein Auszug:

- Richtlinie über den Bau von Hochhäusern (Muster-Hochhaus-Richtlinie – MHHR)
- Musterverordnung über den Bau und Betrieb von Verkaufsstätten (Muster-Verkaufsstättenverordnung – MVkVO)
- Muster einer Feuerungsverordnung (MFeuV)
- Muster einer Verordnung über den Bau und Betrieb von Garagen (Muster-Garagenverordnung – MGarVO)
- Musterrichtlinie über brandschutztechnische Anforderungen an Leitungsanlagen (Muster-Leitungsanlagen-Richtlinie – MLAR)
- Muster einer Verordnung über den Bau von Betriebsräumen für elektrische Anlagen (EltBauVO)
- Musterverordnung über den Bau und Betrieb von Beherbergungsstätten (Muster-Beherbergungsstättenverordnung – MBeVO)
- Musterverordnung über den Bau und Betrieb von Versammlungsstätten (Muster-Versammlungsstättenverordnung – MVStättV)
- Muster-Richtlinie über brandschutztechnische Anforderungen an Bauteile und Außenwandbekleidungen in Holzbauweise (MHolzBauRL)

2.2.2 Landesbauordnungen

Im Baurecht ist der Brandschutz von Anbeginn der Bauvorschriften berücksichtigt. In den Anfängen wurden Begriffe wie „feuerbeständig“ und „feuerhemmend“ allerdings noch nicht mit nachprüfbaren Anforderungen verbunden. Dies geschah erst nach der Einführung der DIN 4102 im Jahre 1934. Im Hinblick auf die Anforderungen an den Brandschutz von haustechnischen Anlagen gab es zu dieser Zeit noch keine konkreten Aussagen. Diese flossen erst im Laufe der Zeit durch die Entwicklung der Haustechnik, insbesondere der Lüftungs- und Elektrotechnik, ein.

In den Landesbauordnungen sind Anforderungen an die haustechnischen Anlagen im Hinblick auf den Brandschutz deshalb auch nicht zentral in einem Paragrafen zusammengefasst, vielmehr stehen sie verstreut in einzelnen Paragrafen der Landesbauordnungen und in den zusätzlichen Bauordnungen oder Verordnungen für Gebäude besonderer Art und Nutzung.

Die Thematik des Brandschutzes an haustechnischen Anlagen soll anhand der Musterbauordnung dargestellt werden. In erster Linie sind die Fundstellen im Hinblick auf die Ausbreitung von Feuer und Rauch zu benennen. Diese beschreiben die Anforderungen an die Feuerwiderstandsdauer der Bauteile, wie Decken und Wände. Zusätzlich sind Anweisungen enthalten, die das Einbringen von Kabel- und Leitungsanlagen in und durch diese Wände behandeln.

Die Anforderungen an die Brennbarkeit von Gebäudeteilen, wie Decken und Wände, sind im vierten Abschnitt „Wände, Decken, Dächer" geregelt.

Zunächst sind im § 26 allgemeine Anforderungen an das Brandverhalten von Baustoffen und Bauteilen beschrieben. Dazu werden *Baustoffe* nach den Anforderungen an ihr Brandverhalten unterschieden in

- nicht brennbare,
- schwer entflammbare und
- normal entflammbare.

Baustoffe, die nicht mindestens normal entflammbar sind (leicht entflammbare Baustoffe), dürfen nicht verwendet werden; dies gilt nicht, wenn sie in Verbindung mit anderen Baustoffen nicht leicht entflammbar sind.

Bauteile werden nach den Anforderungen an ihre Feuerwiderstandsfähigkeit unterschieden in

- feuerbeständige,
- hochfeuerhemmende und
- feuerhemmende

Bauteile.

Bauteile werden entsprechend DIN 4102 folgendermaßen benannt: feuerhemmend = F30-B, feuerbeständig = F90-AB.

In § 27 werden die Anforderungen an *tragende Wände und Stützen* hinsichtlich des Brandverhaltens beschrieben. Danach müssen tragende und aussteifende Wände und Stützen im Brandfall ausreichend lang standsicher sein.

Sie müssen

- in Gebäuden der Gebäudeklasse 5 feuerbeständig,
- in Gebäuden der Gebäudeklasse 4 hochfeuerhemmend,
- in Gebäuden der Gebäudeklassen 2 und 3 feuerhemmend

sein. Das gilt für Geschosse im Dachraum nur, wenn darüber noch Aufenthaltsräume möglich sind. Es gilt nicht für Balkone, ausgenommen offene Gänge, die als notwendige Flure dienen. Im Kellergeschoss müssen tragende und aussteifende Wände und Stützen in Gebäuden der Gebäudeklassen 3 bis 5 feuerbeständig und in Gebäuden der Gebäudeklassen 1 und 2 feuerhemmend sein.

Im § 29 werden die Anforderungen an *Trennwände* beschrieben. Danach sind Trennwände erforderlich

- zwischen Nutzungseinheiten sowie zwischen Nutzungseinheiten und anders genutzten Räumen, ausgenommen notwendigen Fluren,
- zum Abschluss von Räumen mit Explosions- oder erhöhter Brandgefahr,
- zwischen Aufenthaltsräumen und anders genutzten Räumen im Kellergeschoss.

Trennwände müssen als raumabschließende Bauteile von Räumen oder Nutzungseinheiten innerhalb von Geschossen mindestens feuerhemmend sein.

Öffnungen in Trennwänden nach Absatz 2 sind nur zulässig, wenn sie auf die für die Nutzung erforderliche Zahl und Größe beschränkt sind; sie müssen feuerhemmende, dicht- und selbstschließende Abschlüsse haben. Hier entsteht eine Verbindung zur Leitungsanlagenrichtlinie und zur Norm DIN 4102. Die Lösungen und die technischen Produkte, die zu verwenden sind, um dieses Schutzziel zu erreichen, sind darin beschrieben.

Die Forderung nach einem Verschluss von feuerhemmenden (F30) Wänden besteht nicht in allen Ländern. In diesem Zusammenhang steht auch der Begriff F30-Länder, der diesen Umstand beschreibt.

Die Anforderungen an Trennwände gelten nicht für Wohngebäude der Gebäudeklassen 1 und 2.

Darüber hinaus werden in der Musterbauordnung *Brandwände* beschrieben. Brandwände müssen als raumabschließende Bauteile zum Abschluss von Gebäuden (Gebäudeabschlusswand) oder zur Unterteilung von Gebäuden in Brandabschnitte (innere Brandwand) die Brandausbreitung auf andere Gebäude oder Brandabschnitte ausreichend lange verhindern.

Im § 31 werden Anforderungen an *Decken* gestellt. Danach müssen Decken als tragende und raumabschließende Bauteile zwischen Geschossen im Brandfall ausreichend lange standsicher und widerstandsfähig gegen die Brandausbreitung sein.

Sie müssen

- in Gebäuden der Gebäudeklasse 5 feuerbeständig,
- in Gebäuden der Gebäudeklasse 4 hochfeuerhemmend,
- in Gebäuden der Gebäudeklassen 2 und 3 feuerhemmend

sein. Das gilt für Geschosse im Dachraum nur, wenn darüber Aufenthaltsräume möglich sind; § 29 Abs. 4 bleibt unberührt. Das gilt nicht für Balkone, ausgenommen offene Gänge, die als notwendige Flure dienen.

Im Kellergeschoss müssen Decken

- in Gebäuden der Gebäudeklassen 3 bis 5 feuerbeständig,
- in Gebäuden der Gebäudeklassen 1 und 2 feuerhemmend

sein.

Decken müssen unter und über Räumen mit Explosions- oder erhöhter Brandgefahr, ausgenommen in Wohngebäuden der Gebäudeklassen 1 und 2 und zwischen dem landwirtschaftlich genutzten Teil und dem Wohnteil eines Gebäudes, feuerbeständig sein.

Öffnungen in Decken, für die eine Feuerwiderstandsfähigkeit vorgeschrieben ist, sind nur zulässig

- in Gebäuden der Gebäudeklassen 1 und 2,
- innerhalb derselben Nutzungseinheit mit nicht mehr als insgesamt 400 m^2 in nicht mehr als zwei Geschossen,
- im Übrigen, wenn sie auf die für die Nutzung erforderliche Zahl und Größe beschränkt sind und Abschlüsse mit der Feuerwiderstandsfähigkeit der Decke haben. Auch hier ist die Forderung nach einem Schott für Leitungen direkt abzuleiten.

Eine weitere Verbindung zur elektrotechnischen Anlage und zur Leitungsanlagenverordnung besteht im Zusammenhang mit dem § 35, der *notwendige Treppenräume* und Ausgänge beschreibt. Danach muss jede notwendige Treppe zur Sicherstellung der Rettungswege aus den Geschossen ins Freie in einem eigenen, durchgehenden Treppenraum liegen (notwendiger Treppenraum). Ausnahmen dazu sind zulässig

- in Gebäuden der Gebäudeklassen 1 und 2,
- für die Verbindung von höchstens zwei Geschossen innerhalb derselben Nutzungseinheit von insgesamt nicht mehr als 200 m^2, wenn in jedem Geschoss ein anderer Rettungsweg erreicht werden kann,
- als Außentreppe, wenn ihre Nutzung ausreichend sicher ist und im Brandfall nicht gefährdet werden kann.

Notwendige Treppenräume müssen so angeordnet und ausgebildet sein, dass die Nutzung der notwendigen Treppen im Brandfall ausreichend lange möglich ist. Anforderungen an die Installation sind in der LAR beschrieben.

Die Wände notwendiger Treppenräume müssen als raumabschließende Bauteile in Gebäuden der Gebäudeklasse 5 die Bauart von Brandwänden haben. In Gebäuden der Gebäudeklasse 4 müssen sie auch unter zusätzlicher mechanischer Beanspruchung hochfeuerhemmend und in Gebäuden der Gebäudeklasse 3 feuerhemmend sein.

Auch der Begriff der *notwendigen Flure* wird in der LAR verwendet. § 36 definiert diese und beschreibt die Anforderungen an notwendige Flure und offene Gänge. Danach sind notwendige Flure solche Flure, über die Rettungswege aus Aufenthaltsräumen oder aus Nutzungseinheiten mit Aufenthaltsräumen zu Ausgängen in notwendige Treppenräume oder ins Freie führen. Sie müssen so angeordnet und ausgebildet sein, dass die Nutzung im Brandfall ausreichend lange möglich ist.

Notwendige Flure sind nicht erforderlich

- in Wohngebäuden der Gebäudeklassen 1 und 2,
- in sonstigen Gebäuden der Gebäudeklassen 1 und 2, ausgenommen in Kellergeschossen,
- innerhalb von Wohnungen oder innerhalb von Nutzungseinheiten mit nicht mehr als 200 m^2,
- innerhalb von Nutzungseinheiten, die einer Büro- oder Verwaltungsnutzung dienen, mit nicht mehr als 400 m^2; das gilt auch für Teile größerer Nutzungseinheiten, wenn diese Teile nicht größer als 400 m^2 sind, Trennwände haben und jeder Teil unabhängig von anderen Teilen Rettungswege hat.

Der § 40 beschreibt die Anforderungen an *Leitungsanlagen, Installationsschächte* und -kanäle, die in der LAR präzisiert werden.

(1) Leitungen dürfen durch raumabschließende Bauteile, für die eine Feuerwiderstandsfähigkeit vorgeschrieben ist, nur hindurchgeführt werden, wenn eine Brandausbreitung ausreichend lange nicht zu befürchten ist oder Vorkehrungen hiergegen getroffen sind; dies gilt nicht für Decken

- in Gebäuden der Gebäudeklassen 1 und 2,
- innerhalb von Wohnungen,
- innerhalb derselben Nutzungseinheit mit nicht mehr als insgesamt 400 m^2 in nicht mehr als zwei Geschossen.

(2) In notwendigen Treppenräumen, in Räumen nach § 35 Abs. 3 Satz 3 und in notwendigen Fluren sind Leitungsanlagen nur zulässig, wenn eine Nutzung als Rettungsweg im Brandfall ausreichend lange möglich ist.

Eine Möglichkeit, besondere Anforderungen an ein Gebäude zu stellen, besteht im § 51 Sonderbauten.

An *Sonderbauten* können im Einzelfall zur Verwirklichung der allgemeinen Anforderungen an Gebäude besondere Anforderungen gestellt werden. Es können aber auch Erleichterungen gestattet werden, soweit es der Einhaltung von Vorschriften wegen der besonderen Art oder Nutzung baulicher Anlagen oder Räume oder wegen besonderer Anforderungen nicht bedarf.

2.2.3 Beherbergungsstättenverordnung

Diese Verordnung gilt für Beherbergungsstätten mit mehr als 12 Gastbetten. Häuser mit Ferienwohnungen sind davon ausgeschlossen.

Tragende Wände, Stützen, Decken (§ 4)

(1) Tragende Wände, Stützen und Decken müssen feuerbeständig sein. Dies gilt nicht für oberste Geschosse von Dachräumen, wenn sich dort keine Beherbergungsräume befinden.

(2) Tragende Wände, Stützen und Decken brauchen nur feuerhemmend zu sein

- in Gebäuden mit nicht mehr als zwei oberirdischen Geschossen,
- in obersten Geschossen von Dachräumen mit Beherbergungsräumen.

Trennwände (§ 5)

Trennwände müssen in Beherbergungsstätten feuerbeständig sein. Trennwände sind Wände zwischen Räumen einer Beherbergungsstätte und Räumen, die nicht zu der Beherbergungsstätte gehören, sowie zwischen Beherbergungsräumen und Gasträumen und Küchen.

Soweit in Beherbergungsstätten die tragenden Wände, Stützen und Decken nur feuerhemmend zu sein brauchen, genügen feuerhemmende Trennwände. Auch Trennwände zwischen Beherbergungsräumen sowie zwischen Beherbergungsräumen und sonstigen Räumen müssen feuerhemmend sein.

2.2.4 Geschäftshäuser

Die Verordnung für Geschäftshäuser gilt für Gebäude mit mindestens einer Verkaufsstätte, deren Verkaufsräume eine Nutzfläche von mehr als 2.000 m^2 haben. Zu den Verkaufsräumen gehören Ausstellungs- und Erfrischungsräume sowie alle dem Kundenverkehr dienenden anderen Räume, mit Ausnahme von Fluren, Treppenräumen, Aborträumen und Waschräumen.

Wände und Decken (§ 4)
Wände und Decken von Verkaufsräumen zu anderen Räumen sind feuerbeständig, d. h. in der Feuerwiderstandsklasse F90, auszuführen.

Beleuchtung und elektrische Anlagen (§ 13)
Die elektrischen Anlagen sind nach den anerkannten Regeln der Technik herzustellen. Die für den Bereich des Brandschutzes und den Betrieb der Geräte und Anlagen in Geschäftshäusern wesentlichen Vorschriften finden sich in der DIN VDE 0108. Auf diese Vorschriften wird in Kapitel 8 näher eingegangen.

2.2.5 Versammlungsstätten

Die Vorschriften dieser Verordnung gelten für den Bau und Betrieb von

- Versammlungsstätten mit Bühnen oder Szenenflächen und Versammlungsstätten für Filmvorführungen, wenn die zugehörigen Versammlungsräume jeweils mehr als 100 Besucher fassen,
- Versammlungsstätten mit nicht überdachten Szenenflächen, wenn die Versammlungsstätte mehr als 1000 Besucher fasst,
- Versammlungsstätten mit nicht überdachten Sportflächen, wenn die Versammlungsstätte mehr als 5000 Besucher fasst; Sportstätten für Rasenspiele jedoch nur, wenn mehr als 15 Stehstufen angeordnet sind,
- Versammlungsstätten mit Versammlungsräumen, die einzeln oder zusammen mehr als 200 Besucher fassen. In Schulen, Museen und ähnlichen Gebäuden gelten die Vorschriften nur für die Versammlungsräume, die einzeln mehr als 200 Besucher fassen.

Decken und Tragwerke (§ 17)
In das Tragwerk für den Fußboden dürfen Leitungen verlegt werden, wenn das Tragwerk aus nicht brennbaren Baustoffen besteht.

Elektrische Anlagen (Abschnitt 7)
Die elektrischen Anlagen sind nach den anerkannten Regeln der Technik herzustellen. Diese Aussage bezieht sich im Wesentlichen auf die Sicherheitsbeleuchtung gemäß § 104 der Versammlungsstättenverordnung.

2.2.6 Krankenhäuser

Die Vorschriften dieser Verordnung gelten für den Bau und Betrieb von Krankenhäusern und anderen baulichen Anlagen mit entsprechender Zweckbestimmung. Sie gelten sinngemäß für Polikliniken, soweit die Zweckbestimmung es erfordert.

Flure (§ 13)
Ist in Fluren mit einer Feuerbeanspruchung aus dem Deckenhohlraum, z. B. durch Kabel und Leitungen, zu rechnen, so müssen unterhalb der Decke angeordnete obere Raumabschlüsse (abgehängte oder aufgelagerte Unterdecke) mindestens feuerhemmend aus nicht brennbaren Baustoffen hergestellt sein.

Beleuchtung und elektrische Anlagen (§ 18)
Die elektrischen Anlagen sind nach den anerkannten Regeln der Technik herzustellen. Die für den Bereich des Brandschutzes und den Betrieb der Geräte und Anlagen in Krankenhäusern wesentlichen elektrotechnischen Vorschriften finden sich in DIN VDE 0100-710 und DIN VDE 0108. Auf diese Vorschriften wird im Kapitel 8 näher eingegangen.

2.2.7 Betriebsräume für elektrische Anlagen (EltBauVO)

Die Verordnung über elektrische Betriebsräume, in denen

- Transformatoren und Schaltanlagen für Nennspannungen über 1 kV,
- ortsfeste Stromerzeugungsaggregate und
- Zentralbatterien für Sicherheitsbeleuchtung aufgestellt sind,

ist anzuwenden, wenn diese Anlagen in

- Waren- und sonstigen Geschäftshäusern,
- Versammlungsstätten, ausgenommen Versammlungsstätten in fliegenden Bauten,
- Büro- und Verwaltungsgebäuden,
- Krankenhäusern, Altenpflegeheimen, Entbindungs- und Säuglingsheimen,
- Schulen und Sportstätten,
- Beherbergungsstätten, Gaststätten,
- geschlossenen Großgaragen und
- Wohngebäuden

installiert sind. Sie gilt nicht für frei stehende Gebäude mit diesen Anlagen oder wenn diese Räume in mit Brandwänden abgetrennten Gebäudeteilen untergebracht sind.

Zusätzliche Anforderungen an elektrische Betriebsräume für Transformatoren und Schaltanlagen mit Nennspannung über 1 kV (§ 5)
Öffnungen zur Durchführung von Kabeln sind mit nicht brennbaren Baustoffen zu verschließen. Wände von Räumen mit Öltransformatoren müssen von anderen Räumen feuerbeständig abgetrennt sein.

Zusätzliche Anforderungen an Batterieräume (§ 7)
Öffnungen zur Durchführung von Kabeln sind mit nicht brennbaren Baustoffen zu verschließen.

2.3 Europäische Richtlinien

Wie bereits in der Einleitung zum Buch dargestellt, sind die Maßnahmen zum Brandschutz ein wichtiger Bestandteil eines Gebäudes, die bereits bei der Planung und später bei der Errichtung und dem Betrieb Beachtung finden müssen. Um auch diesen Bereich im Sinne des europäischen Rechts und Handels zu vereinfachen, wurden in Europa einheitliche Grundsätze zur Klassifizierung von Kabeln geschaffen. Diese schlagen sich in der europäischen Bauproduktenverordnung 305/2011/EG nieder. Darin sind nunmehr seit 2013 auch Kabel und Leitungsanlagen erfasst. Welche Anforderungen Kabel und Leitungen an den Brandschutz erfüllen müssen, ist in der harmonisierten Norm hEN 50575:2014 festgelegt, die am 10. Juni 2016 in Kraft trat. Danach sollen Kabel und Leitungen mit einer CE-Kennzeichnung nach BauPVo und einer Leistungserklärung versehen werden. Am 01. Juli 2017 endete die Übergangsfrist für diese Norm, eine CE-Kennzeichnung und eine Leitungserklärungen sind somit seit diesem Zeitpunkt verpflichtend. Die zur Fertigung erforderlichen Spezifikationen, die das Brandverhalten in den Euroklassen A bis F beschreiben, sind in der EN 13501-6 – „Klassifizierung von Bauprodukten und Bauarten zu ihrem Brandverhalten – Teil 6: Klassifizierung mit den Ergebnissen aus den Prüfungen zum Brandverhalten von elektrischen Kabeln“ – beschrieben (siehe dazu Abschnitt 3.3). Damit werden die Brandklassen erstmals mit den übrigen Bauprodukten im Hinblick auf das Brandverhalten vergleichbar.

3 Technische Regeln und deren Anforderungen

3.1 DIN 4102

In DIN 4102 werden im Einzelnen die Anforderungen an die Materialien und Bauverfahren beschrieben, die dem Brandschutz in Gebäuden dienen; darüber hinaus auch die Prüfverfahren, nach denen diese einheitlich auf ihre Funktionsfähigkeit zu prüfen sind. Dazu gehören nicht nur die Systeme für elektrische Kabel- und Leitungsanlagen, sondern auch Wände und Decken sowie Bauteile von Lüftungsanlagen, Feuerschutzabschlüsse, Gläser usw. Bauprodukte können momentan noch sowohl nach dieser Norm als auch nach der neuen europäischen Kennzeichnung nach DIN EN 13501 (siehe Abschnitt 3.3) hinsichtlich ihres Brandverhaltens klassifiziert werden.

Begonnen hat die Festlegung mit der ersten Ausgabe der DIN 4102 im Jahre 1934. Die Erstausgabe bestand damals aus drei „Blättern“ mit insgesamt sieben Seiten. Der erste Teil – Begriffe – enthielt die Definitionen der Begriffe „brennbar“, „schwer brennbar“, „feuerbeständig“ und „hochfeuerbeständig“. Der zweite Teil – Einreihung der Begriffe – listete die bewährten Baustoffe und Bauarten auf, die ohne besonderen Nachweis verwendet werden dürfen. Er war von der Aussage neu und für die weitere Entwicklung der Baustoffe und Bauteile ausschlaggebend. Er eröffnete die Möglichkeit, neue Bauprodukte, die nicht in der Liste des Teils 2 enthalten waren, auf ihre Funktionsfähigkeit hin zu untersuchen. Diese Untersuchung konnte, durch die Definition eines Bezugsfeuers, für alle Prüflinge unter gleichen Prüfbedingungen erfolgen. Eine Reproduzierbarkeit der Prüfung war somit gegeben. Die Prüfung blieb jedoch zunächst eine Kannbestimmung. Die Begriffe „feuerbeständig“ und „feuerhemmend“ wurden eindeutiger als bisher definiert. Bei der Beschreibung feuerbeständig wird der Wert auf 1,5 h festgelegt und das Feuer mit der Einheits-Temperatur-Zeit-Kurve definiert. Die Festlegungen in DIN 4102, Ausgabe 1934, haben somit den Grundstein für das jetzt vorhandene Regelwerk gelegt.

Der nächste Schritt zur Weiterentwicklung wurde 1965 durch die eindeutigere Festlegung der Begriffe „feuerhemmend“ und „feuerbeständig“ sowie durch die getrennte Klassenbezeichnung von Bauteilen und Sonderbauteilen eingeleitet. Durch diese Klassenbezeichnung von Sonderbauteilen wurden die verfeinerten Simulations- und praktischen Einbaubedingungen bei der Prüfung besser berücksichtigt, als dies bei der Vorgängernorm der Fall war. Das führte dazu, dass der ursprüngliche Textumfang von zwei Teilen mit 7 Seiten auf heute über 200 Seiten angewachsen ist. Ein Ende der Weiterentwicklung ist nicht abzusehen. Es müssen für immer neue Bauteile immer neue Prüfungsanforderungen definiert werden. **Tabelle 3.1** gibt einen Überblick über einige für den Haustechniker wichtige Inhalte von DIN 4102.

Für den Elektroinstallateur sind Teil 9 „Kabelschottungen“ und Teil 12 „Funktionserhalt elektrischer Leitungen“ besonders wichtig. Beide Teile enthalten die Prüfgrundsätze, nach denen die entsprechenden Systeme geprüft werden und auf deren Basis das Prüfzeugnis ausgestellt wird. Um die einzelnen Maßnahmen richtig einordnen zu können, sind auch Kenntnisse über die zur Erstellung des Gebäudes verwendeten Baustoffe und Bauteile notwendig. An erster Stelle stehen dabei die Baustoffe mit ihrer Klassifizierung.

Tabelle 3.1 Feuerwiderstandsklassen von Bauteilen nach DIN 4102

Bauteil	**DIN 4102**	**Feuerwiderstandsklasse entsprechend einer Feuerwiderstandsdauer in min**				
		≥ 30	≥ 60	≥ 90	≥ 120	≥ 180
Bauteile (Wände, Decken, Stützen)	Teil 2	F30	F60	F90	F120	F180
Brandwände	Teil 2 F90 (F120, F180) + Stoßbeanspruchung					
Nicht tragende Außenwände, Brüstungen	Teil 3	W30	W60	W90	W120	W180
Feuerschutzabschlüsse (Türen, Tore, Klappen)	Teil 5	T30	T60	T90	T120	T180
Rohre und Formstücke für Lüftungsleitungen	Teil 6	L30	L60	L90	L120	
Absperrvorrichtungen in Lüftungsleitungen	Teil 6	K30	K60	K90		
Kabelschottungen	Teil 9	S30	S60	S90	S120	S180
Installationsschächte und Kanäle	Teil 11	I30	I60	I90	I120	
Rohrdurchführungen	Teil 11	R30	R60	R90	R120	
Funktionserhalt elektrischer Leitungen	Teil 12	E30	E60	E90		
Brandschutzverglasungen, strahlungsundurchlässig	Teil 13	F30	F60	F90	F120	
Brandschutzverglasung, strahlungsdurchlässig	Teil 13	G30	G60	G90	G120	

3.1.1 Einheits-Temperatur-Zeit-Kurve

Die Prüfung der Baustoffe und Bauverfahren auf ihre Beständigkeit bei einer Brandeinwirkung muss für jeden Prüfling die gleiche Beanspruchung garantieren. Dazu ist neben dem Prüfaufbau auch der Temperaturverlauf, dem der Prüfling ausgesetzt werden soll, festzulegen. Dieser Verlauf ist in der *Einheits-Temperatur-Zeit-Kurve* beschrieben **(Bild 3.1)**.

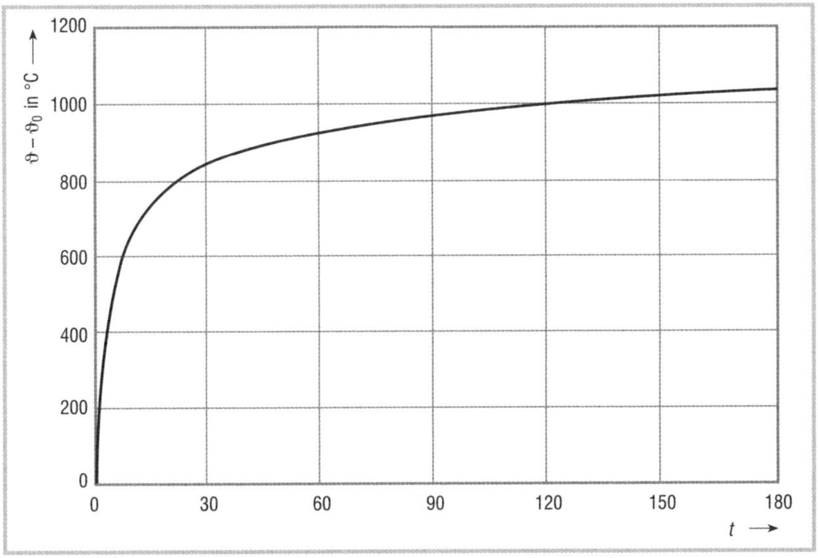

Bild 3.1 Einheits-Temperatur-Zeit-Kurve

3.1.2 Baustoffklassifizierung

DIN 4102-1 ordnet die Baustoffe nach *Baustoffklassen*, die das Brandverhalten beschreiben **(Tabelle 3.2)**. Aus diesen Baustoffen werden die Bauteile gefertigt, die dann unter einer Brandbeanspruchung geprüft werden. Die Prüfverfahren sind in den jeweiligen Teilen der Norm beschrieben, die die Bauteile behandeln.

3.1.3 Feuerwiderstandsdauer von Bauteilen

Die Beschreibung der Feuerwiderstandsdauer in DIN 4102 weicht von den Beschreibungen in den Gesetzen und Verordnungen des Baurechts ab. **Tabelle 3.3** enthält die unterschiedlichen Begriffe und ordnet sie einander zu.

Tabelle 3.2 Baustoffklassen

Baustoffklasse	Bauaufsichtliche Benennung
A	nicht brennbare Baustoffe
A1	nicht brennbare Baustoffe
A2	nicht brennbare Baustoffe
B	brennbare Baustoffe
B1	schwer entflammbare Baustoffe
B2	normal entflammbare Baustoffe
B3	leicht entflammbare Baustoffe

Tabelle 3.3 Vergleich der Bezeichnungen von Feuerwiderstandsklassen aus DIN 4102 und dem Baurecht

Benennung nach DIN 4102	Kurzbezeichnung	Bauaufsichtliche Benennung
Feuerwiderstandsklasse F30	F30-B	feuerhemmend
Feuerwiderstandsklasse F30 und in den wesentlichen Teilen aus nicht brennbaren Baustoffen	F30-AB	feuerhemmend und in den tragenden Teilen aus nicht brennbaren Baustoffen
Feuerwiderstandsklasse F30 und aus nicht brennbaren Baustoffen	F30-A	feuerhemmend und aus nicht brennbaren Baustoffen
Feuerwiderstandsklasse F90 und in den wesentlichen Teilen aus nicht brennbaren Baustoffen	F90-AB	feuerbeständig
Feuerwiderstandsklasse F90 und aus nicht brennbaren Baustoffen	F90-A	feuerbeständig und aus nicht brennbaren Baustoffen

3.1.4 Kabelschottungen

Grundsätzlich sollten die Kabelschottungen bei Durchführungen durch Wände und Decken die gleichen Brandschutzanforderungen erfüllen wie das Bauteil selbst. **Tabelle 3.4** enthält die Feuerwiderstandsdauer von Kabelschottungen. Abweichend hiervon ist die Feuerwiderstandsdauer in Komplextrennwänden der Klasse F180-A mit 90 min hinreichend. Bei der Durchdringung von feuerhemmenden Wänden der Klasse F30 bestehen im Baurecht keine einheitlichen Anforderungen. Empfehlenswert ist jedoch auch hier die Abschottung entsprechend S30, um die Übertragung von Feuer und Rauch zu verhindern. Dies gilt besonders für Räume, von denen eine Gefährdung ausgehen kann, z.B. für Lagerräume. Eine rauchdichte Abschottung von Räumen mit Datenverarbeitungsanlagen ist im Hinblick auf die Empfindlichkeit elektronischer Anlagen gegen Brandgase sinnvoll. Das kann ebenfalls für Büroräume und deren Abtrennungen gegen Flure und

Nebenräume gelten. Eine Übersicht über die abschottenden Bauteile und die darin zu verwendenden Feuerwiderstandsklassen der Schottung enthält **Tabelle 3.5.**

Tabelle 3.4 Feuerwiderstandsklassen „S" für Kabelschottungen

Feuerwiderstandsklasse	Feuerwiderstandsdauer in min
S30	≥ 30
S60	≥ 60
S90	≥ 90
S120	≥ 120
S180	≥ 180

Tabelle 3.5 Anforderungen an die Feuerwiderstandsdauer von Kabelschottungen in abschottenden Bauteilen

Abschottende Bauteile	Feuerwiderstandsklasse
Komplextrennwände	S90
Brandwände	S90
Treppenraumwände	S90
Feuerbeständige Trennwände	S90
Feuerbeständige Decken	S90
Feuerhemmende Wände	S30
Feuerhemmende Decken	S30

3.1.5 Installationsschächte und -kanäle

Der Installationskanal, in dem Kabel und Leitungen verlegt sind, soll einen Brand im Innern eindämmen. Das bedeutet für einen Rettungsweg, dass die Brandlast durch eine Kabel- und Leitungsanlage aus dem Rettungsweg ferngehalten wird. Feuer und Rauch können erst nach einer bestimmten Zeit aus dem Installationskanal austreten.

Damit werden an diesen Kanal Anforderungen gestellt, die einer *Feuerwiderstandsklasse* entsprechen. In den Bauordnungen werden die notwendigen Feuerwiderstandsklassen allerdings nicht eindeutig benannt. Die Anforderungen ergeben sich aber aufgrund der allgemeinen Schutzanforderungen. So sind Kanäle, die durch Brandabschnittsgrenzen, wie Brandwände und Decken, führen, für eine Feuerwiderstandsdauer von mindestens 90 min auszulegen. Erleichterungen hiervon gibt es bei Gebäuden geringer Höhe bis zu 5 Vollgeschossen mit 30 min und bei Gebäuden mit mehr als 5 Vollgeschossen mit 60 min. Für Hochhäuser sind wegen der größeren Gefährdung 90 min vorzusehen. Nach DIN 4102-11 gibt es die Feuerwiderstandsklassen I30 bis I90 gemäß **Tabelle 3.6.**

Tabelle 3.6 Feuerwiderstandsklassen „I" für Installationsschächte und -kanäle

Feuerwiderstandsklasse	Feuerwiderstandsdauer in min
I30	≥ 30
I60	≥ 60
I90	≥ 90

Die Industrie bietet zur wirtschaftlichen Ausführung fertige Systeme an. Diese sind im Prüflabor nach der Einheits-Temperatur-Zeit-Kurve geprüft und erhalten für den Kanal sowie für alle zugehörigen Bauteile eine Zulassung. Diese erstreckt sich auf die jeweiligen Verwendungen der Schächte oder Kanäle, die wie folgt unterschieden werden:

- Installationskanäle für Elektroleitungen,
- Installationsschächte für Elektroleitungen,
- Installationsschächte für beliebige Installationen,
- Installationsschächte für nicht brennbare Installationen.

Zur vereinfachten Installation stehen die erforderlichen Formstücke, wie Winkel, Abzweige und Endstücke, zur Verfügung. Zu beachten ist, dass die verlegten Kabel und Leitungen innerhalb des Kanals ihre Abwärme aus den Leitungsverlusten abführen müssen. Aus diesem Grund enthalten die Systeme auch Lüftungsbausteine, die – im Normalbetrieb geöffnet – die Verlustwärme aus dem Kanal entweichen lassen. Im Brandfall schließen sie selbsttätig.

Die Prüfung von fabrikfertigen Kanälen ist in einer Prüfanstalt möglich, eine Prüfung von vor Ort erstellten Kanälen und Schächten natürlich nicht. Diese gelten dann als zugelassen, wenn sie nach einem Bausystem nach DIN 4102-4 errichtet werden. Das bedeutet, dass die Wandungen der Schächte oder Kanäle entsprechend der Feuerwiderstandsklasse gemauert sein müssen. Eine Schachtwand aus 11,5 cm dickem Mauerwerk, z. B. aus Kalksandstein, entspricht der Feuerwiderstandsklasse I90. Werden Putzschichten aufgetragen, so gelten geringere Abmessungen. **Bild 3.2** zeigt schematisch die Anordnung eines Schachtes mit den notwendigen Stellen der Abschottung der Leitungsführung.

Die hier beschriebenen Systeme zur Verhinderung der Übertragung von Feuer und Rauch aus einer Leitungstrasse auf einen Rettungsweg dürfen nicht mit den Anforderungen an den *Funktionserhalt* von Kabel- und Leitungsanlagen verwechselt werden. Während die Bezeichnung I90 die Prüfung einer Verkleidung bedeutet, aus der 90 min kein Feuer oder Rauch austritt, fordert der Funktionserhalt einer Leitung, dass diese bei einer

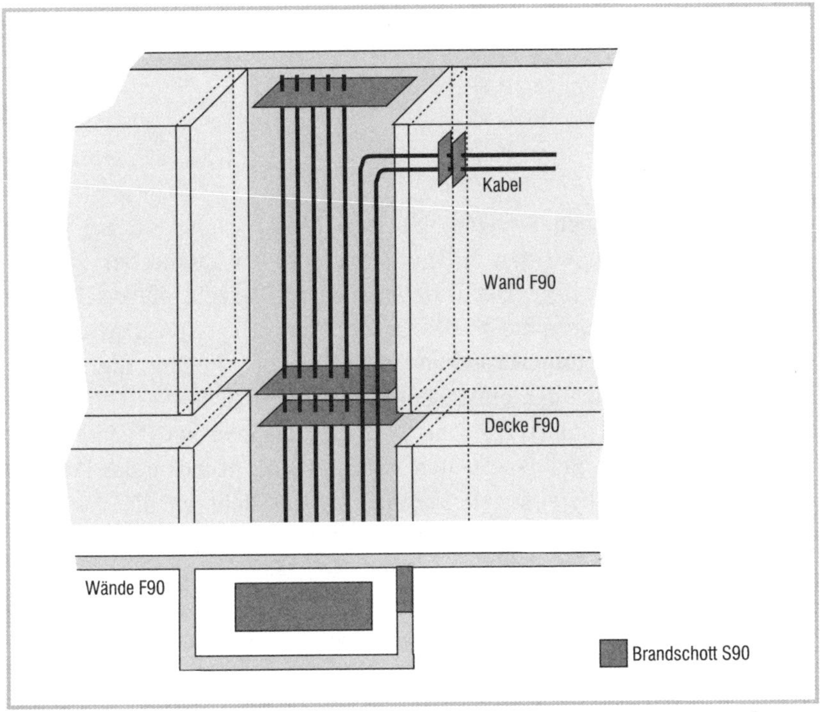

Bild 3.2 Verhinderung der Brandausbreitung in einem Installationsschacht

äußeren Beflammung nach der Einheits-Temperatur-Zeit-Kurve entsprechend der Feuerwiderstandsdauer in Funktion bleibt. Die Beflammung des Kanals, der den Schutz der Leitung übernehmen soll, erfolgt bei dieser Prüfung also nicht von innen nach außen, sondern umgekehrt. In der Praxis hat das andere Abmessungen der Kanalwandung zur Folge.

3.1.6 Rohrabschottungen

Werden *brennbare Rohre* durch Decken und Wände mit einer Brandschutzklassifikation geführt, so sind Rohrmanschetten zu verwenden, die bei einem Brand, bei dem das Rohr abbrennen könnte, die Übertragung von Feuer und Rauch verhindern. Die Feuerwiderstandsdauer der Schottung hängt dabei von der Feuerwiderstandsdauer des Bauteils ab. Die Systeme müssen eine bauaufsichtliche Zulassung haben. Rohrabschottungen werden nach DIN 4102-11 geprüft. Die Funktionserhaltszeiten der Abschottung bei einer Feuerwiderstandsklasse der Rohrabschottungen enthält **Tabelle 3.7.**

Tabelle 3.7 Feuerwiderstandsklassen „R" für Rohrabschottungen

Funktionserhaltsklasse	Funktionserhalt in min
R30 (EI30 U/U)	≥ 30
R60 (EI60 U/U)	≥ 60
R90 (EI90 U/U)	≥ 90

Grundsätzlich stehen Systeme mit zwei Montagevarianten zur Verfügung. Bei der ersten werden *Einsteckmanschetten* während der Rohbauphase um das Rohr gelegt. Der Durchbruch wird danach rohbauseitig mit Mörtel oder Beton verschlossen. Die um das Rohr gelegte Brandschutzmanschette enthält eine intumeszierende (aufquellende) Füllung, die sich im Brandfall ausdehnt und den entstehenden Hohlraum sicher verschließt. Bei manchen Systemen unterstützen mechanische Klappen und Federeinrichtungen den Vorgang. Bei der zweiten Variante wird, nachdem das Rohr im Rohbauzustand montiert ist, ein *Aufsatz* vor das Rohr an die Wand geschraubt. Der Verschluss der bei einem Brand entstehenden Öffnung geschieht ebenfalls mit einem intumeszierenden Material. Letztere Variante eignet sich besonders für die nachträgliche Installation. Welches Verfahren verwendet wird, ist letztlich aus der baulichen Situation zu entscheiden.

Grundsätzlich dürfen die Manschetten nur in Verbindung mit den geprüften Rohren verwendet werden, die in den Zulassungsbescheiden aufgeführt sind. Ein Beispiel für einen Zulassungsbescheid zeigt **Bild 3.3.** Die Manschetten werden nach dem Rohrdurchmesser und der Rohrwanddicke unterschieden.

In dem Einführungserlass zu DIN 4102-2 wurde gefordert, dass die Brauchbarkeit von Abschottungen für Rohre aus brennbaren Baustoffen mit einem Durchmesser ≤ 50 mm durch eine Zulassung nachzuweisen ist. Mit der bauaufsichtlichen Einführung von DIN 4102-11wurden jedoch keine Untergrenzen benannt, so dass jedes brennbare Rohr entsprechend zu schützen war. Nach der MLAR (Stand 2020) gilt für die Schottung von brennbaren Rohren eine Untergrenze von 32 mm.

Ergänzend ist anzumerken, dass auch bei der Durchführung von nicht brennbaren Rohren der verbleibende Raum mit Mörtel, Beton oder Mineralfasern mit einem Schmelzpunkt ≤1.000 °C verschlossen werden sollte. Dabei muss jedoch die Gefahr der Wärmeleitung über diese Rohre beachtet werden. Ein Metallrohr kann auf der kalten Seite einer Wanddurchführung infolge der Wärmeleitung Temperaturen von 300 °C annehmen. Brennbare Stoffe in der Nähe können sich dadurch entzünden und den Brand weiterleiten. Dies kann nur mit entsprechenden Wärmedämmungen vermieden werden.

Deutsches Institut für Bautechnik DIBt

Zulassungsstelle für Bauprodukte und Bauarten

Bautechnisches Prüfamt

Eine vom Bund und den Ländern gemeinsam getragene Anstalt des öffentlichen Rechts

Mitglied der EOTA, der UEAtc und der WFTAO

Allgemeine bauaufsichtliche Zulassung

Datum: 28.02.2017

Geschäftszeichen: III 21-1.19.53-227/16

Zulassungsnummer:
Z-19.53-2237

Geltungsdauer
vom: **28. Februar 2017**
bis: **28. Februar 2022**

Antragsteller:
Hilti Entwicklungsgesellschaft mbH
Hiltistraße 6
86916 Kaufering

Zulassungsgegenstand:
Abschottung "System CFS-F FX 200" für elektrische Leitungen und Rohrleitungen, die feuerbeständige Bauteile durchdringen

Der oben genannte Zulassungsgegenstand wird hiermit allgemein bauaufsichtlich zugelassen.
Diese allgemeine bauaufsichtliche Zulassung umfasst zwölf Seiten und 16 Anlagen.

DIBt

DIBt | Kolonnenstraße 30 B | D-10829 Berlin | Tel.: +49 30 78730-0 | Fax: +49 30 78730-320 | E-Mail: dibt@dibt.de | www.dibt.de

Bild 3.3 Zulassungsbescheid einer Rohrabschottung
Werkbild Hilti Deutschland AG

3.1.7 Funktionserhalt elektrischer Leitungen

Die ausreichende Funktionsfähigkeit einer Leitung im Brandfall wird durch eine Prüfung der Leitung, einschließlich der Verlegesysteme, nach der Einheits-Temperatur-Zeit-Kurve nachgewiesen. Danach werden die Kabel in die *Funktionserhaltsklassen* nach **Tabelle 3.8** eingeteilt.

Dabei bedeutet der Funktionserhalt lediglich, dass an den Kabeln keine Unterbrechung des Stromflusses und kein Kurzschluss der Leiter gegeneinander auftritt. Der *Isolationserhalt* wird dabei nicht geprüft. Ein so geprüftes Kabel erfüllt somit nicht automatisch die Bedingungen nach DIN VDE 0472-814.

Ebenfalls zu berücksichtigen ist, dass die Norm ausschließlich für Kabel bis 1 kV Bemessungsspannung gilt. Außerdem ist zu beachten, dass ein Kabel bei einer höheren Temperatur auch einen höheren Spannungsfall aufweist. Das muss bei der Dimensionierung des Leiterquerschnitts beachtet werden.

Um eine Kabelanlage auch im Brandfall funktionsfähig zu halten, stehen verschiedene Möglichkeiten zur Verfügung. Es handelt sich dabei um

- Kanäle,
- Beschichtungen und Bekleidungen,
- Kabelanlagen mit integriertem Funktionserhalt,
- Schienenverteiler mit integriertem Funktionserhalt.

Die Prüfung nach DIN 4102-12 bezieht sich auf die gesamte Anordnung einer Kabelanlage, also auch auf die *Verlegesysteme*. Das ist besonders wichtig bei Kabelanlagen mit integriertem Funktionserhalt. Da die kunststoffisolierten Kabel durch den Brand in Mitleidenschaft gezogen werden, ist beim Herabfallen der Kabel vom Verlegesystem oder beim Zusammenbruch des Verlegesystems eine Beschädigung unvermeidbar. In aller Regel fallen diese Kabelanlagen dann auch aus. Eine Funktionsbereitschaft kann somit nur in Verbindung mit dem Verlegesystem geprüft werden. Die Verlegesysteme werden ausschließlich in der horizontalen Verlegung geprüft, weil vertikal verlegte Kabel nicht so stark beansprucht werden. In der Praxis ist jedoch zu berücksichtigen, dass besondere Belastungsmomente beim Übergang von der horizontalen in die vertikale Verlegung auftreten.

Tabelle 3.8 Funktionserhaltsklassen „E“ für Kabel und Leitungen

Funktionserhaltsklasse	**Funktionserhalt in min**
E30 (P30)	≥ 30
E60 (P60)	≥ 60
E90 (P90)	≥ 90

Sind Kabelanlagen einem Brand ausgesetzt, so zerfällt der für die Isolierung verwendete Kunststoff zu Asche. Weil das Volumen der Asche geringer als das des ursprünglichen Kunststoffs ist, erhält das Kabel in der Befestigungsschelle Spiel. Bei senkrechter Verlegung rutscht es dann aus der Schelle. Damit ist der Funktionserhalt gefährdet. Um ein Abstürzen des gesamten Leitungsstranges zu verhindern, müssen Unterstützungen eingebaut werden. Ein Beispiel für eine wirksame Unterstützung nach DIN 4102-12:1998-11 ist die Führung der Leitung in einem Bogen, der nach höchstens 3,5 m anzuordnen ist. Dabei sind die Leitungen im zulässigen Biegeradius abzuwinkeln und mindestens 300 mm horizontal zu verlegen. Nach einem Bogen im Mindestbiegeradius schließt sich eine vertikale Strecke von mindestens 300 mm an. Danach kann mit einem Rückschwenk die ursprüngliche Trassenführung eingenommen werden. Diese Verlegeart wird in **Bild 3.4** schematisch dargestellt.

Eine Alternative besteht darin, im Abstand von höchstens 3,5 m eine Befestigung in die Trasse zu integrieren, die der geforderten Brandbelastung standhält und für die ein entsprechendes Prüfzeugnis vorliegt. Dabei wird der Befestigungspunkt derart mit brandsicheren Materialien umschlossen, dass eine Zerstörung der Isolierung des Kabels nicht stattfindet. Das Kabel kann nicht aus der Schelle rutschen und bleibt somit fixiert. Derartige Befestigungssysteme werden im Zusammenhang mit den Kabeln geprüft. **Bild 3.5** lässt die Zerstörung der Leitung durch den Brand erkennen und zeigt gleichzeitig den festen Sitz der Unterstützung. Das Kabel funktioniert bis zur Erreichung der Funktionszeit weiter.

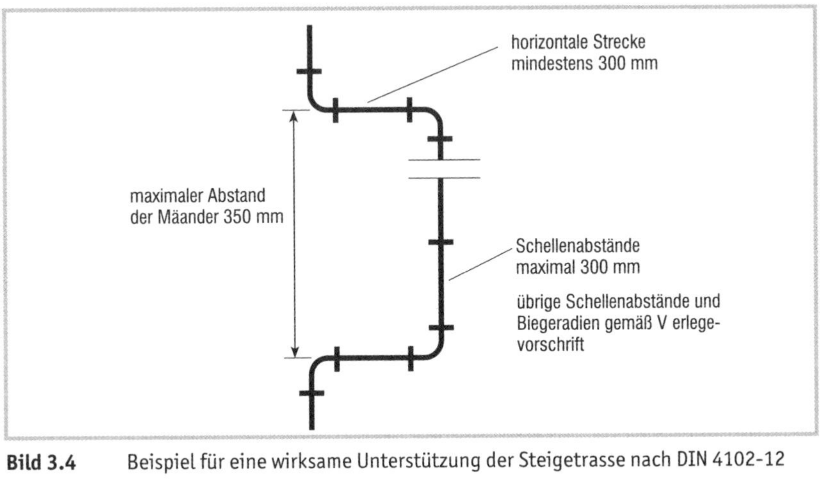

Bild 3.4 Beispiel für eine wirksame Unterstützung der Steigetrasse nach DIN 4102-12

Bild 3.5 Beispiel für eine wirksame Unterstützung der Steigetrasse nach einem Brandversuch
Werkbild Swixss Brandschutzsysteme GmbH

Nach bestandener Prüfung erhält das System ein Prüfzeugnis. Darin sind die wesentlichen Systemmerkmale aufgeführt. Dem Prüfzeugnis lassen sich alle für die Verlegung wichtigen Daten entnehmen. Werden die Systeme vor Ort installiert, so sind diese Anlagen vom Errichter zu kennzeichnen. Diese Kennzeichnung muss folgende Angaben enthalten:

- Name des Unternehmers, der die Kabelanlage erstellt hat,
- Bezeichnung der Kabelanlage laut Prüfzeugnis,
- Funktionserhaltsklasse, Prüfzeugnisnummer,
- Herstellungsjahr.

Um nachzuweisen, dass der Hersteller der Kabelanlage die Arbeiten auch tatsächlich richtig ausgeführt hat, muss er für jedes Bauvorhaben eine Werksbescheinigung ausstellen. In dieser muss er bestätigen, dass die von ihm errichtete Kabelanlage den Bestimmungen des Prüfzeugnisses entspricht.

3.2 DIN VDE 0100-520

Diese Norm aus der Reihe DIN VDE 0100 gilt für die Auswahl und die Errichtung von elektrischen Betriebsmitteln. Das Kapitel 52 beschreibt die Anforderungen an Kabel- und Leitungssysteme. Darin ist im Abschnitt 527 „Auswahl und Errichtung zur Begrenzung von Bränden“ ausgeführt, dass die Ausdehnung von Bränden innerhalb eines Brandabschnitts durch Auswahl geeigneter Materialien minimiert werden muss. Die allgemeine Gebäudebetriebs- und Feuersicherheit darf nicht verringert werden. Das wird mit den in den folgenden Abschnitten beschriebenen Maßnahmen erreicht. Daneben sind aber auch die nach dem deutschen Baurecht geltenden Vorschriften zu beachten. Besonders ist hier das „Muster für Richtlinien über brandschutztechnische Anforderungen an Leitungsanlagen (MLAR)“ zu nennen. Diese Richtlinie wird im Abschnitt 3.4 dieses Buches behandelt.

Damit beschränkt sich die Aussage des Abschnitts 527.1 auf die Forderung nach der Verwendung *flammwidriger Kabel und Leitungen.* Der Begriff „flammwidrig“ ist in den Normen für Kabel und Leitungen nicht enthalten. Die Anforderungen an die Flammwidrigkeit werden jedoch bereits durch die bisher verwendeten PVC-Isolierungen erfüllt. Die Zusammensetzung der modernen PVC-Kabel- und Leitungsisolierungen ist so beschaffen, dass sogar von einer schlechten Brennbarkeit gesprochen werden kann. Wenn das Material dann aber doch brennt, entstehen besondere Probleme.

Die weiteren Aussagen über die baulichen Maßnahmen in diesem Abschnitt tangieren die in den Bauordnungen festgeschriebenen Maßnahmen. Der Hauptaussage der Bauordnungen, „der Ausdehnung von Feuer und Rauch muss entgegengewirkt werden“, stehen die Anforderungen der Norm nicht entgegen. Die Norm geht sogar, insbesondere bei der Auswahl von Leitungsanlagen und dem Schutz von nicht flammwidrigen Leitungsanlagen, weit über das Maß hinaus, das durch das deutsche Baurecht vorgegeben ist. Bei den Bauordnungen handelt es sich um Landesrecht, das vorrangig vor den technischen Regeln einzuhalten ist. So ist der Ausführende einer Bauleistung gut beraten, wenn er sich vorab mit der zuständigen Behörde über die zu ergreifenden Maßnahmen verständigt. Das geschieht häufig unter Hinzuziehung eines für die Begutachtung des vorbeugenden Brandschutzes beauftragten Sachverständigen.

Der Verschluss von Kabel- und Leitungsdurchbrüchen ist in die im Januar 1996 vorgelegte Fassung von DIN VDE 0100-520 ebenfalls neu aufgenommen worden. Danach sind Durchbrüche zur Führung von Kabeln und Leitungen gemäß der Feuerwiderstandsklasse der jeweiligen Bauteile zu verschließen. Als Verschlussmaterial sind nur zugelassene Systeme, hier als „typgeprüfte Kabelschottungen“ bezeichnet, zu verwenden. Diese Forderung geht in ihrer Grundsätzlichkeit weit über das hinaus, was in den Bauordnungen der Länder verlangt wird (s. hierzu auch die Abschnitte 2.2.1 bis 2.2.7 „Landesbauordnung“ und die ergänzenden „Verordnungen für Gebäude besonderer Art und Nutzung“ in diesem Buch).

Die Abschottung von Leerrohranlagen wird im Baurecht kontrovers diskutiert. So sind z.B. in der Verwaltungsvorschrift zur Landesbauordnung des Landes NRW brennbare Rohre bis 32 mm von besonderen Schottungsmaßnahmen ausgenommen, solange der verbleibende Öffnungsquerschnitt mit nichtbrennbaren, formbeständigen Baustoffen vollständig geschlossen wird. Nach der MLAR (Stand 2015) müssen Leitungen entweder durch Abschottungen geführt werden, die mindestens die gleiche Feuerwiderstandsfähigkeit wie die raumabschließenden Bauteile haben, oder innerhalb von Installationsschächten oder -kanälen aus nicht brennbaren Baustoffen geführt werden, die mindestens die gleiche Feuerwiderstandsfähigkeit wie die durchdrungenen raumabschließenden Bauteile haben (Abschlüsse von Öffnungen eingeschlossen).

Die im Teil 520, Abschnitt 527.2, geforderte generelle Abschottung von entflammbaren Leerrohren beschreibt damit den aktuellen Stand. Die MLAR ist neueren Datums als die Verwaltungsvorschrift. Diese Forderung führt auch zu einem besseren Verständnis der Gesamtmaßnahme „vorbeugender Brandschutz“. Das gilt besonders angesichts der Tatsache, dass meist nicht Einzelrohre, sondern Rohrbündel verlegt werden.

Die Überprüfung der Statik eines Gebäudes geschieht im Planungsstadium in Zusammenarbeit von Architekten, Fachplanern, Statikern und Bauphysikern. Bereits in diesem Stadium werden die Durchbrüche und Wandschlitze festgelegt und in die Berechnung übernommen. Wie die Statik eines Gebäudes durch Einbringen von Wandschlitzen für Kabel- und Leitungstrassen sowie von Durchbrüchen in Decken und Wände beeinträchtigt wird, kann ein Elektroinstallateur nicht wissen. Diese Aufgabe muss vielmehr dem an der Planung des Gebäudes beteiligten Statiker vorbehalten bleiben. Nachträglich erstellte Öffnungen und Schlitze beeinträchtigen nicht nur die Statik eines Bauteils, sondern beeinflussen auch den Brandschutz und den Schallschutz. Hier scheint auch die Anmerkung überflüssig zu sein, die darauf hinweist, diese Überprüfung in die Erstprüfung in IEC 364-6 Kapitel 61 (DIN VDE 0100-600 „Erstprüfungen“) zu übernehmen.

Wesentlich und häufig unbeachtet ist die Anforderung der Anmerkung 2, die auf die Festigkeit der Brandschottung hinweist. Diese muss auch dann noch gewährleistet sein, wenn auf der brennenden Seite des Bauteils die Kabel- und Leitungstrasse beeinträchtigt wird. Die Trasse ist so herzustellen, dass die Brandschottung infolge einer zu erwartenden Beschädigung der Trasse nicht zerstört wird. Diese Gefahr ist bei einem Mörtelschott recht unwahrscheinlich. Für ein Plattenschott wird jedoch mit einer herunterbrechenden Leitungstrasse die Funktion in Frage stehen. Zum Schutz der Kabelschottung sind, wie in **Bild 3.6** gezeigt, Schellen oder Halterungen in einem Abstand von maximal 750 mm zur Kabelschottung anzubringen. Die Wirksamkeit der Befestigung ist sinnvollerweise nachzuweisen. Dazu eignen sich diejenigen Befestigungsmittel, die auch zur Verlegung von Leitungen mit Funktionserhalt verwendet werden. Diese gewährleisten dann bei einem Brand die notwendige Sicherheit gegen das Herabfallen der Trasse und das Herausbrechen der Schottung.

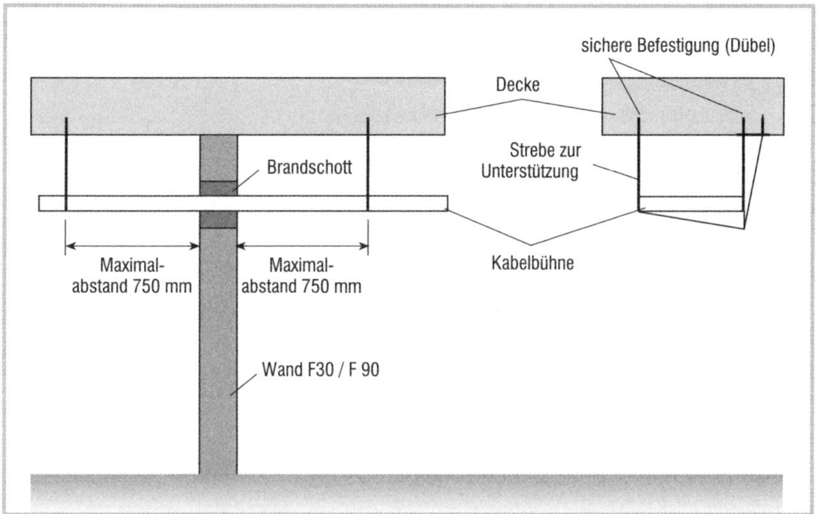

Bild 3.6 Schutz eines Brandschotts durch besondere Trassenbefestigung

3.3 Kennzeichnung des Brandverhaltens nach DIN EN 13501

Da die DIN EN 13501 noch nicht in nationales Recht übernommen wurde, können Bauprodukte momentan noch sowohl nach dieser Norm als auch nach der deutschen (alten) Norm DIN 4102-2 nach ihrem Brandverhalten klassifiziert werden. Die Klassifikation nach DIN 4102 findet sich in Abschnitt 3.1. Hier soll nun auf die europäische Klassifizierung von Kabeln nach DIN EN 13501-6 eingegangen werden. Das Brandverhalten wird mittels Buchstaben und Zahlen klassifiziert:

A nicht brennbar
B1 sehr hohe Anforderungen, z.B. schwer entflammbar
B2 sehr hohe Anforderungen, z.B. schwer entflammbar
C hohe Anforderungen, z.B. normal entflammbar
D mittlere Anforderungen, z.B. normal entflammbar
E geringe Anforderungen, z.B. normal entflammbar
F keine Anforderungen, z.B. leicht entflammbar

Für die Leitungen als Bauprodukte gilt folgende Kennzeichnung der Klassen im Hinblick auf das Verhalten im Brandfall. Der Index „ca" steht für Kabel. Die den Klassen zugehörigen Prüfnormen sind jeweils zugeordnet:

A_{ca} Prüfnorm EN ISO 1416
$B1_{ca}$ Prüfnorm EN 50399 und EN 60332-1-2
$B2_{ca}$ Prüfnorm EN 50399 und EN 60332-1-2
C_{ca} Prüfnorm EN 50399 und EN 60332-1-2
D_{ca} Prüfnorm EN 50399 und EN 60332-1-2
E_{ca} Prüfnorm EN 50399 und EN 60332-1-2
F_{ca} Prüfnorm EN 50399 und EN 60332-1-2

Die Klassen sind hinsichtlich verschiedener Faktoren beschrieben. Dazu zählen:

Brutto-Verbrennungswärme mJ/kg (PCS), Wärmeentwicklung in MJ (THR), maximale Wärmefreisetzungsrate in kW (HRR), Feuerwachstumsrate in W/s (FIGRA), Flammenausbreitung in m (FS), Flammenausbreitung in mm (H).

Die heute verwendeten Kabel entsprechen nach der neuen Klassifizierung ungefähr der Klasse C_{ca}. Neuere Entwicklungen erreichen schon die Klasse $B2_{ca}$.

Beschreibung der Rauchentwicklung im Brandfall

s1 keine/kaum Rauchentwicklung
s1a keine/kaum Rauchentwicklung
s1b keine/kaum Rauchentwicklung
s2 begrenzte Rauchentwicklung
s3 unbeschränkte Rauchentwicklung

Beschreibung des Abtropfverhaltens brennender Bestandteile

d0 kein Abtropfen

d1 begrenztes Abtropfen

d2 starkes Abtropfen

Beschreibung der Korrosivität der Brandgase

a1 entwickelt korrosive Gase mit Leitfähigkeit < 2,5 µS/mm

a2 entwickelt korrosive Gase < 10 µS/mm

a3 keine Beschreibung Leitfähigkeit > 10 µS/mm

3.3.1 Bewertung im Hinblick auf die Verwendung

Hierbei handelt es sich zunächst um eine Kennzeichnung von Kabeln und Leitungen im Hinblick auf die Eigenschaften. Eine Zuordnung von Kabeln und Leitungen zu einem bestimmten Bauvorhaben oder bestimmten Gebäudetypen existiert noch nicht. Die beteiligten Verbände und Hersteller haben dazu Vorschläge unterbreitet, die jedoch baurechtlich nicht verbindlich sind. Insoweit muss abgewartet werden, wie der Gesetzgeber den Einsatz der Kabel und Leitungen regelt.

Hinsichtlich der Verwendung von Leitungen schlägt der ZVEI folgende Brandklassen im Hinblick auf den Sicherheitsbedarf in Gebäuden vor:

A_{ca} Gebäude mit sehr hohen Anforderungen

$B1_{ca}$ Gebäude mit sehr hohen Anforderungen

$B2_{ca}$ s1d1a1 Gebäude mit sehr hohen Anforderungen

C_{ca} s1d1a1 Gebäude mit hohen Anforderungen

D_{ca} s2d2a1 Gebäude mit mittleren Anforderungen

E_{ca} Gebäude mit geringen Anforderungen

F_{ca} Gebäude ohne Anforderungen

3.3.2 Vergleich mit häufig verwendeten Typen

DIN VDE 0100-420 enthält im nationalen Anhang als Verwendungshinweis eine Tabelle, in der die Kennzeichnungen nach Bauproduktenverordnung den bisher in der Praxis verwendeten Leitungstypen gegenübergestellt werden.

Dabei gilt für häufig verwendete Leitungen:

- NYM, NYY, H03VV-F, H05VV-F, JY(st)Y entspricht der neuen Kennzeichnung Eca.
- Der Kennzeichnung Cca s1d2a1 oder Bca s1d1a1 sind vergleichbar Kabel des Typs NHXMH, N2XH, NHXHX, J-H(st)H oder JE-H(st)H.

Die jeweiligen Erklärungen der Hersteller sind bei der Zuordnung zu beachten.

3.3.3 Kennzeichnung anderer Bauprodukte

Auch bei den anderen Bauprodukten und Bauteilen wie Brandschottungen, Wände und Türen, haben sich die Kennzeichnungen geändert.

Den Bauproduktkennzeichnungen sind neben der Feuerwiderstandsfähigkeit weitere Eigenschaften zugeordnet:

R (Resistance): Tragfähigkeit; kein Verlust der Standsicherheit
E (Etanchéité): Raumabschluss; Verhinderung des Feuerdurchtritts auf die unbeflammte Seite
I (Isolation): Wärmedämmung; Begrenzung der Übertragung von Feuer bzw. Wärme auf die dem Feuer abgewandte Seite
W (Radiation; ursprünglich Watt): Wärmestrahlung; Begrenzung der Wärmestrahlung auf der angewandten Seite
S (Smoke): Rauchdichtheit; Begrenzung des Rauchdurchtritts
M (Mechanical): Mechanische Einwirkung; Stoffbeanspruchung auf die Wand
C (Closing): Selbstschliessend; für Rauchschutztüren und andere Feuerschutzabschlüsse
P (Power): Erhaltung der Energieversorgung; für elektrische Kabel
G Brandbeständigkeit
K Brandschutzwirkung

Eine Wand der Feuerwiderstandsklasse F90 nach DIN 4102 wird nach EN 13501 als „REI 90“ bezeichnet. Soll diese Wand als Brandwand ausgeführt werden, muss sie die Klassifikation REIM 90 besitzen (Zusatzkriterium Stoffbeanspruchung für die Brandwand).

Ein Kabelschott trägt danach die Kennzeichnung EI 90, wenn es die Ausbreitung von Feuer und Rauch in einer Wand mit REI 90 verhindern soll. Eine Leitungsanlage mit einem Funktionserhalt wird mit „P30“ bei 30 min Feuerwiderstandsfähigkeit bezeichnet.

Ergänzend können Indizes eingesetzt werden, um bestimmte Leistungen zu beschreiben.

ve vertikaler Einbau möglich, um die Feuerwiderstandsdauer zu erreichen
ho horizontaler Einbau möglich, um die Feuerwiderstandsdauer zu erreichen

S Begrenzung der Rauchleckrate (S für Smoke)
i → o Wirkung der Feuerwiderstandsfähigkeit von innen nach außen
i ← o Wirkung der Feuerwiderstandsfähigkeit von außen nach innen
i ↔ o Wirkung der Feuerwiderstandsfähigkeit in beide Richtungen
U/U Verschluss von Rohrenden in beide Richtungen

Nach dieser Regel werden die häufig in der Elektrotechnik verwendeten Produkte wie folgt gekennzeichnet:

Leitungsanlage mit Funktionserhalt 90 min	P90 (alt E90)
Kabelschott mit Funktionserhalt 90 min	EI90 (alt S90)
Rohrschott mit Funktionserhalt 90 min	EI90 U/U (alt R90)
Installationskanal mit Funktionserhalt 90 min für die im Inneren liegenden Leitungen	EI90 ve ho i ← o (alt E90)
Installationskanal mit Verhinderung der Brandeinwirkung auf einen Raum über 90 min	EI90 ve ho i ← o (alt I90)

3.4 Muster-Leitungsanlagen-Richtlinie (MLAR 2020)

3.4.1 Geltungsbereich und Ziel der Richtlinie

Die Muster-Leitungsanlagen-Richtlinie dient als Grundlage der Verordnungsgebung in den Bundesländern. Sie beschreibt die Regeln, nach denen elektrische Leitungen in Gebäuden verlegt werden müssen. Nicht nur in den VDE-Bestimmungen findet der Elektroinstallateur die Vorgaben für seine Arbeit, sondern auch in Gesetzen und Verordnungen und dort besonders im Baurecht der einzelnen Bundesländer. Diese sind jedoch in einigen Fällen unterschiedlich. So gilt zurzeit in NRW eine ganz andere Vorschrift zur Leitungsverlegung als beispielsweise in Baden-Württemberg oder in Brandenburg. Um diesem Wirrwarr Einhalt zu gebieten, hat die ARGEBAU Vorschläge für die Vereinheitlichung des Baurechts und der damit verbundenen technischen Verordnungen und technischen Regeln entwickelt. Beispielhaft sei hier auch die in vielen Veröffentlichungen zitierte *Musterbauordnung* (MBO) genannt. Allerdings werden diese Vorschläge nicht unmittelbar in die Landesverordnungsgebung umgesetzt.

Da sich die Bautechnik und so auch das Baurecht in einer stetigen Entwicklung befinden, müssen Regelungen, wie etwa die MLAR, stetig angepasst werden. Das bedeutet für den Elektrotechniker, dass er bei der Arbeit in einer bestehenden Anlage beurteilen muss, ob die Leitungsanlage zum Zeitpunkt der Installation den Vorschriften entsprochen hat.

Vor dem Inkrafttreten der MLAR 1998 war für die Verlegung von Leitungen in Gebäuden die Muster-Leitungsanlagen-Richtlinie (MLAR) in der Fassung von 1993 gültig. Wesentlich waren für den Installateur die Regelungen

- zur maximalen Brandlast in Flucht- und Rettungswegen von 7 kWh/m^2,
- zur Abschottung von Leitungsführungen durch Brandwände und Decken,
- zu einzeln geführten Leitungen, die keiner Abschottung bedürfen und
- zu Leitungen mit Funktionserhalt.

Sie haben sich, aufgrund von Erfahrungen in den letzten Jahren, erheblich geändert. Das bedeutet für den Elektrotechniker, dass er sowohl die alte als auch die neue Richtlinie kennen muss. Arbeitet er in einer bestehenden Anlage, so muss er sicher beurteilen können, ob die Leitungsanlage zum Zeitpunkt der Installation den Vorschriften entsprochen hat.

Die *Schutzziele,* die mit der Muster-Leitungsanlagen-Richtlinie verfolgt werden, konkretisieren die Forderungen aus der Bauordnung.

Bauliche Anlagen sowie andere Anlagen und Einrichtungen müssen unter Berücksichtigung insbesondere

- der Brennbarkeit der Baustoffe,
- der Feuerwiderstandsdauer der Bauteile, ausgedrückt in Feuerwiderstandsklassen,
- der Dichtheit der Verschlüsse von Öffnungen,
- der Anordnung von Rettungswegen

so beschaffen sein, dass der Entstehung eines Brandes und der Ausbreitung von Feuer und Rauch vorgebeugt wird und bei einem Brand die Rettung von Menschen und Tieren sowie wirksame Löscharbeiten möglich sind. Hierzu erläutert nun die Muster-Leitungsanlagen-Richtlinie (MLAR) die Verfahren, die dazu dienen, diese Schutzziele zu erreichen. Das sind:

- Sicherung der Benutzbarkeit der Gebäudebereiche, die im Fall eines Brandes für die Rettung von Menschen und Tieren sowie für eine Brandbekämpfung wichtig sind. Diese können unter anderem durch brennende Leitungsanlagen unbenutzbar werden. Deshalb wird gefordert, die Leitungsanlagen in Rettungswegen auf ein Mindestmaß, das als unbedenklich bezeichnet werden kann, zu reduzieren.
- Die Verhinderung der Übertragung von Feuer und Rauch durch Brandwände und Decken. Die Übertragung kann auch durch elektrische Leitungen erfolgen. Dabei gilt nicht nur, dass Leitungen in Wandöffnungen abbrennen und damit eine direkte Weiterleitung von Feuer über die Leitungstrasse möglich wird. Ein weiterer Aspekt ist die ungehinderte

Ausbreitung von Rauch, der durch die darin enthaltenen korrosiven Gase zu erheblicher Schädigung von Personen und Sachen führt.
- Sicherstellung der Stromversorgung von Anlagen und Geräten, die dem Schutzziel, der Rettung von Mensch und Tier, dienen.

Die MLAR 2015 ist auf Leitungsanlagen in notwendigen Treppenräumen, auf Räume zwischen den notwendigen Treppenräumen und Ausgängen ins Freie sowie auf notwendige Flure anzuwenden. Sie gilt ebenfalls für die Führung von Leitungen durch bestimmte Wände und Decken sowie für den Funktionserhalt von bestimmten elektrischen Anlagen im Brandfall. Dabei ist für den Praktiker besonders wichtig, dass zu den elektrischen Leitungsanlagen auch die zugehörigen Hausanschlusseinrichtungen, Messeinrichtungen sowie Verteiler und Befestigungsmaterialien gehören. Grundsätzlich sind auch die nachrichtentechnischen Leitungen eingeschlossen. Die MLAR gilt also auch für Lichtwellenleiter und sonstige Datenkabel. Sie gilt zudem für bauordnungsrechtlich vorgeschriebene Vorräume und Sicherheitsschleusen.

3.4.2 Leitungsanlagen in notwendigen Treppenräumen und Fluren

3.4.2.1 Begriffe, Definitionen, allgemeine Anforderungen

Die Begriffe *notwendige Treppenräume* und *notwendige Flure* ergeben sich aus den Bauordnungen und beschreiben den auch weithin als *Fluchtweg* bezeichneten *Rettungsweg*. Die Definitionen finden sich in der MBO § 35 für die Treppenräume und § 36 für die notwendigen Flure und Gänge. Danach ist die Anordnung von Leitungsanlagen in diesen Räumen nur erlaubt, wenn Bedenken des Brandschutzes dem nicht entgegenstehen. Diese Bedenken bestehen nicht, wenn die Anlagen nach der Richtlinie für Leitungsanlagen errichtet werden. Dabei ist natürlich auch zu beachten, dass jede Änderung einer bestehenden Anlage nach den gültigen Gesetzen und Verordnungen erfolgen muss. Dies war bisher jedoch nur bedingt der Fall. Die nach MLAR 1993 noch geforderte maximale Brandlast von 7 kWh/m^2 ist nach den bisherigen Erfahrungen nur selten beachtet worden, wenn Nachinstallationen durchgeführt wurden. Gerade hier wird der verantwortungsbewusste Installateur ein weites Betätigungsfeld vorfinden. Ein Bestandsschutz besteht zwar, jedoch nur für Anlagen, die auch den Regeln entsprechend ausgeführt wurden. Es wird also in Zukunft wesentlich mehr auf die Belange des Brandschutzes zu achten sein als bisher. Der Auftragnehmer hat als Fachkraft eine besondere Verantwortung hinsichtlich der Einhaltung von Vorschriften. Er muss seine Kunden auf offensichtliche Mängel hinweisen. Ein Teil der in der Richtlinie enthaltenen Verschärfungen ist nämlich auf unverantwortliches Installieren von elektrischen Leitungsanlagen zurückzuführen. Insbesondere ist der Wegfall der maximal zulässigen Brandlast eine dieser Folgen. Nach der aktuellen MLAR 2015 dürfen nur noch diejenigen Leitungsanlagen offen verlegt werden, die zum Raum gehören. Zusätzlich gelten besondere brandschutztechnische Anforderungen an diese Leitungen. Die in den meisten Gebäuden unumgänglichen Nachinstallationen führen damit zum Einbau von Kanälen mit einer Feuerwiderstandsklasse I30.

3.4.2.2 Leitungsanlagen in Sicherheitstreppenräumen

Sicherheitstreppenräume sind in der Regel in Gebäuden zu finden, in denen neben dem Treppenraum kein zweiter Fluchtweg für die Rettung zur Verfügung steht. Diese Treppenräume müssen besonderen Anforderungen hinsichtlich des Brandschutzes genügen, da sie der einzige Zugang zu den Nutzungseinheiten sind. Gleiches gilt auch für die den Sicherheitstreppenräumen vorgelagerten Räume, die ins Freie führen. In diese Räume dürfen ausschließlich diejenigen Leitungsanlagen eingebracht werden, die zum Betrieb dieses Raumes notwendig sind. Im Einzelnen sind dies dann die Leitungen der Beleuchtungsanlage (Sicherheits- und Normalleuchten, Fluchtwegkennzeichnungsleuchten) des Treppen- und Vorraumes, die Brandmeldetechnik und die Leitungen der Überdrucklüftungsanlage. Für die Ausführung dieser Leitungsanlagen gelten die im Folgenden beschriebenen Bedingungen.

3.4.2.3 Messeinrichtungen und Verteiler

Grundsätzlich sind alle Messeinrichtungen und Verteiler von Treppen und Fluren abzutrennen. Gegenüber den notwendigen Treppenräumen und den Vorräumen zu den Ausgängen ins Freie (Zugangsschleusen) sind mindestens feuerhemmende Bauteile zu verwenden. Diese Abtrennungen müssen aus nicht brennbaren Baustoffen bestehen. Auch an Türen oder Klappen werden Anforderungen gestellt. Auch an Öffnungen in den Bauteilen werden Anforderungen gestellt. Diese müssen mit feuerhemmenden Abschlüssen aus nichtbrennbaren Baustoffen mit umlaufender Dichtung versehen sein.

In notwendigen Fluren müssen Verteilungen durch Bauteile mit geschlossenen Oberflächen abgetrennt werden. Öffnungen sind mit Abschlüssen aus nicht brennbaren Baustoffen mit geschlossenen Oberflächen zu verschließen. Es bleibt hier die auch schon früher gestellte Frage offen, ob die geschlossenen Gehäuse und Türen einer Unterverteilung aus nicht klassifiziertem Material diesen Anforderungen genügen. Ziel ist es doch, einen Brandschutz dahingehend zu erreichen, dass die Verrauchung durch einen Brand weitgehend vermieden und so die Rettung vereinfacht wird.

Zu beachten ist, dass die Verteiler, wie auch die Leitungen, nur so weit in eine Wand eingreifen dürfen, dass die Feuerwiderstandsdauer dieser Wand nicht beeinträchtigt wird. In diesem Zusammenhang sei darauf hingewiesen, dass der Hochbau im Zuge der Kosteneinsparungen in aller Regel keine Reserven für die Einbringung von Verteilungsöffnungen in Brandwände oder Trennwände hat.

3.4.2.4 Elektrische Leitungen in Flucht- und Rettungswegen

Mit wenigen Ausnahmen müssen Leitungen entweder

- einzeln verlegt und voll eingeputzt werden,
- oder in Schlitzen von massiven Wänden verlegt werden, die mit mindestens 15 mm Putz auf nicht brennbarer Unterlage oder mit einer 15 mm dicken Mineralfaserplatte verschlossen sind,
- innerhalb von Leichtbauwänden verlegt werden, die mindestens feuerhemmend sind,
- in Installationsschächten oder Kanälen verlegt werden,
- über Unterdecken verlegt werden.

3.4.3 Führung von Leitungen durch bestimmte Wände

Wenn Leitungen durch Wände mit Brandschutzanforderungen geführt werden, so sind grundsätzlich Vorkehrungen zu treffen, damit die Ausbreitung von Feuer und Rauch verhindert wird. Es gilt hier die Aussage in der jeweiligen Landesbauordnung entsprechend der MBO, z. B. § 30 Brandwände. Dabei ergeben sich zwei Situationen, die unterschiedlich bewertet werden.

3.4.3.1 Führung von Leitungsbündeln

Nicht einzeln geführte Leitungen dürfen durch Brandwände und Decken nur hindurch geführt werden, wenn Vorkehrungen gegen die Übertragung von Feuer und Rauch getroffen werden. Dies gilt jedoch nicht für Leitungen, die durch Decken innerhalb von Wohnungen geführt werden, für Gebäude der Gebäudeklassen 1 und 2 sowie innerhalb derselben Nutzungseinheit, wenn diese nicht mehr als insgesamt 400 m^2 in nicht mehr als zwei Geschossen umfasst. In allen anderen Fällen müssen die Leitungen abgeschottet werden. Die Abschottungen müssen dabei mindestens die gleiche Feuerwiderstandsfähigkeit aufweisen wie die raumabschließenden Bauteile.

Alternativ können die Leitungen auch innerhalb von Installationsschächten oder -kanälen geführt werden, die mindestens die gleiche Feuerwiderstandsfähigkeit aufweisen wie die druchdrungenen raumabschließenden Bauteile und aus nichtbrennbaren Baustoffen bestehen. Die mit der Zulassung festgelegten Installationsvorschriften sind unbedingt einzuhalten, da es sich hier um Systeme handelt, die nicht vor Ort und nicht zerstörungsfrei auf ihrer Funktion geprüft werden können. Die mit der Installation abzugebenden Erklärungen sind dann auch eindeutig.

Im Fall einzeln geführter Leitungen gab es in den Regelungen vor der MLAR 2000 nur den Hinweis, dass sie mit einem mineralischen Mörtel abgedichtet sein müssen. Diese Situation hat sich mit der MLAR 2000 erheblich geändert. Für einzeln geführte Leitungen gelten nunmehr Mindestabstände untereinander und zu Leitungen anderer Gewerke. Daran hat sich jetzt auch gegenüber der MLAR 2015 nichts geändert.

Darüber hinaus dürfen einzeln geführte Installationsrohre für elektrische Leitungen aus brennbaren und nicht brennbaren Baustoffen bis 110 mm Außendurchmesser einzeln durch Decken geführt werden, wenn sie

- in Schlitzen von massiven Wänden verlegt werden, die mit einem 15 mm dicken mineralischen Putz auf nicht brennbarer Unterlage mit dahinterliegender mindestens 10 mm dicker nicht brennbarer Dämmung (Schmelztemperatur mindestens 1.000 °C) oder mit einer 25 mm dicken mineralischen Platte verschlossen sind, wobei die notwendige Feuerwiderstandsfähigkeit der Wand durch den Wandschlitz nicht beeinträchtigt werden darf,
- in Wandecken derart geführt sind, dass sie zweiseitig von den Wänden und von den anderen zwei Seiten von mindestens 15 mm mineralischem Putz auf nicht brennbaren Trägern mit dahinterliegender mindestens 10 mm dicker, nicht brennbarer Dämmung (Schmelztemperatur mindestens 1.000 °C) oder von mindestens 25 mm dicken mineralischen Platten aus nicht brennbaren Baustoffen vollständig umschlossen werden.

Durch diese Bauweise entsteht praktisch in einer Art *Abkofferung* ein Installationskanal, der allerdings keine konkrete Klassifikation hinsichtlich des Brandschutzes aufweist. Als praktisch erweist sich der Zusatz, dass die von diesen Rohrleitungen abzweigenden Leitungen, die in den Geschossen verbleiben, offen verlegt werden dürfen. Das bedeutet für die Führung von Steigleitungen in Gebäuden nicht zu großer Höhe eine interessante Möglichkeit der Leitungsführung in brennbaren Installationsrohren bis 160 mm Außendurchmesser. Bild 4.16 zeigt eine derartige Anordnung.

Einzeln geführte Leitungen werden im Abschnitt 4.7 behandelt.

3.4.4 Installationsschächte

Installationsschächte und -kanäle müssen aus nicht brennbaren Baustoffen bestehen und eine Feuerwiderstandsfähigkeit haben, die der höchsten notwendigen Feuerwiderstandsfähigkeit der von ihnen durchdrungenen raumabschließenden Bauteile entspricht. Das gilt auch für die Abschlüsse von Öffnungen. Die Abschlüsse müssen umlaufend dicht schließen. Die Befestigung der Installationsschächte und -kanäle ist mit nicht brennbaren Befestigungsmitteln auszuführen.

Wenn in notwendigen Fluren durch Installationsschächte keine Geschossdecken überbrückt werden und Installationskanäle (einschließlich der Abschlüsse von Öffnungen) aus nicht brennbaren Baustoffen bestehen, reicht es aus, wenn diese feuerhemmend sind.

Abgehängte Decken in notwendigen Fluren müssen aus nicht brennbaren Baustoffen bestehen und bei einer Brandbeanspruchung sowohl von oben als auch von unten mindestens feuerhemmend sein. In notwendigen Treppenräumen und in Räumen zwischen notwendigen Treppenräumen und Ausgängen ins Freie müssen diese mindestens der notwendigen Feuerwiderstandsfähigkeit der Decken entsprechen. Die besonderen Anforderungen hinsichtlich der brandsicheren Befestigung der im Bereich zwischen den Geschossdecken und Unterdecken verlegten Leitungen sind dabei zu beachten.

In notwendigen Fluren von Gebäuden der Gebäudeklassen 1 bis 3, deren Nutzungseinheiten eine Fläche von jeweils 200 m^2 nicht überschreiten und die keine Sonderbauten sind, brauchen Installationsschächte, die keine Geschossdecken überbrücken, Installationskanäle und Unterdecken (einschließlich der Abschlüsse von Öffnungen) nur aus nicht brennbaren Baustoffen mit geschlossenen Oberflächen zu bestehen. Einbauten, wie Leuchten und Lautsprecher, bleiben unberücksichtigt.

3.4.5 Funktionserhalt elektrischer Leitungsanlagen

Aufgrund § 17 der Bauordnungen müssen Systeme, die dem Schutzziel dienen, auch bei einem Brand noch weiter funktionieren. Die Dauer des Funktionserhalts der Systeme ist in der MLAR 2015 festgelegt. Sie ist abhängig von der Aufgabe.

Für folgende Systeme muss der Funktionserhalt 90 min betragen:

- automatische Feuerlöschanlagen und Wasserdruckerhöhungsanlagen zur Löschwasserversorgung,
- maschinelle Rauchabzugsanlagen und Rauchschutz-Druckanlagen für notwendige Treppenräume in Hochhäusern sowie für Sonderbauten, für die solche Anlagen im Einzelfall verlangt werden, (für Leitungen in den Treppenräumen genügt eine Dauer von 30 Min),
- Feuerwehraufzüge, Bettenaufzüge in Krankenhäusern und anderen baulichen Anlagen mit entsprechender Zweckbestimmung. Davon ausgenommen sind Leitungsanlagen, die sich innerhalb der Fahrschächte oder der Triebwerksräume befinden.

Für folgende Systeme muss der Funktionserhalt 30 min betragen:

- Sicherheitsbeleuchtungsanlagen mit Ausnahme von Leitungsanlagen, die der Stromversorgung der Sicherheitsbeleuchtung nur innerhalb eines Brandabschnittes in einem Geschoss oder nur innerhalb eines Treppenraumes dienen),
- Personenaufzüge mit Brandfallsteuerung, ausgenommen Leitungsanlagen, die sich innerhalb der Fahrschächte oder der Triebwerksräume befinden,
- Brandmeldeanlagen,
- Anlagen zur Alarmierung,
- natürliche und maschinelle Rauchabzugsanlagen.

Um den Funktionserhalt zu garantieren, müssen die Leitungsanlagen bestimmten Anforderungen genügen. Sie müssen geprüft sein. Diese Prüfung des Funktionserhalts bezieht sich jedoch nicht allein auf die Leitung, sondern auch auf das Verlegesystem. Leitung und Verlegesystem bilden eine Einheit.

Neben den Verlegesystemen sind auch die Verteiler, die zu dem System gehören, zu schützen. Dabei genügt es, wenn die Verteiler in einem separaten Raum untergebracht sind. Die Wände des Raumes entsprechen dann der Feuerwiderstandsdauer, die als Funktionserhaltsdauer festgelegt wurde. Alternativ können die Verteiler auch mit nicht brennbaren Bauteilen umgebaut werden. Um die Funktion nachzuweisen, müssen sie einer entsprechend der DIN 4102-12: 1998-11 durchgeführten Prüfung standhalten.

4 Verhinderung der Übertragung von Feuer, Rauch und Temperatur

4.1 Allgemeine Anforderungen

Bei der Ausführung von Arbeiten und der Verwendung von Materialien fallen in der Praxis immer wieder individuelle Lösungen auf, die eine Zuverlässigkeit, wie sie im baulichen Brandschutz gefordert werden muss, ausschließen. Um eine zuverlässige technische Lösung in der Praxis zu gewährleisten, sind nur Materialien und Herstellungsverfahren zu verwenden, die einer Prüfung unterzogen worden sind. Die erfolgreich bestandene Prüfung wird durch die Bauartzulassung bestätigt. Diese bezieht sich auf das verwendete Material hinsichtlich der Anforderung nach DIN 4102. Verarbeitungsvorschriften der Materialien ergänzen die Zuverlässigkeit der Maßnahmen. Den Abschluss der Arbeiten bilden die Kennzeichnung der brandschutztechnischen Maßnahme vor Ort mit einem Schild nach **Bild 4.1** und eine Bescheinigung des Errichters, dass die vorgeschriebenen Arbeiten der Bauartzulassung entsprechen.

Bild 4.1 Kennzeichnungsschild einer Brandabschottung
Werkbild Hilti Deutschland AG

4.1.1 Brandabschnitt

Wenn schon ein Feuer nicht absolut verhindert werden kann, so soll doch die Übertragung von einem Brandabschnitt auf den nächsten vermieden werden. Dazu werden die Gebäude in der Regel horizontal in ca. 40 m Abstand in *Brandabschnitte* unterteilt. Die Decken der Geschosse bilden, abhängig von der Größe des Bauwerks, ebenfalls eine Brandabschnittgrenze. Weitere Anforderungen an die Brandabschnitte werden in den Sondervorschriften der Landesbauordnung oder von Brandschutzgutachtern im Rahmen der Baugenehmigungsverfahren gestellt. In den Architektenplänen sind die Brandabschnittsgrenzen kenntlich gemacht. Durchführungen durch diese Bauteile sind entsprechend der Feuerwiderstandsdauer des Bauteils zu verschließen. Die geforderte Standfestigkeit hängt dabei von der Feuerwiderstandsklasse des abgrenzenden Bauteils ab (s. Tabelle 3.3).

Darüber hinaus ist es in einigen Bundesländern notwendig, alle Wände mit Brandschutzklassifikation (F30, F90 usw.) so zu verschließen, dass eine Übertragung von Feuer und Rauch nicht zu befürchten ist. Diese Bundesländer werden kurz als *F30-Länder* bezeichnet.

Das Verschließen ist umso wichtiger, je größer die Schäden bei einem Feuerübertritt oder einer Verrauchung für die im Gebäude anwesenden Personen, Geräte und Anlagen sind. Dabei spielt die Art und Nutzung der jeweiligen Räume eine entscheidende Rolle. Da bei einem Brand korrosive Rauchgase nicht zu vermeiden sind, bestehen besonders für elektronische und feinmechanische Geräte besondere Gefahren. Nach den Statistiken der Sachversicherer nehmen derartige Schäden immer mehr zu. Dagegen tritt der klassische Brandschaden, zusammen mit den Löschwasserschäden, immer weiter zurück.

4.1.2 Brandschott

Werden kunststoffisolierte Leitungen verwendet, so ist bei der Durchführung durch Wände und Decken dafür zu sorgen, dass der zur Isolierung verwendete Kunststoff im Bereich der Wand oder Decke nicht wegbrennt. Der dadurch entstehende Freiraum könnte das Feuer im Zuge der Kabel- und Leitungstrasse weiterfressen lassen. Durch den so entstehenden Raum könnte auch Rauch hindurchdringen und sich auf der anderen Wandseite oder in der nächsten Etage ungehindert ausbreiten.

Da sich eine Zerstörung von Bauteilen bei Brandeinwirkung auf Dauer nicht verhindern lässt, werden die Schutzmaßnahme nach ihrer Haltbarkeit unterteilt. Die Beständigkeit beginnt bei 30 min (S30) und endet bei 180 min (S180).

4.1.3 Feuerwiderstandsfähige Kabel und Installationskanäle

Bei der Durchführung von nicht brennbaren Kabeln sind die nach Erstellung des Durchbruchs und der Fertigverlegung der Leitungen verbleibenden Restöffnungen mit einem nicht brennbaren Material, z. B. mineralischem Mörtel, durchgängig über das Bauteil zu verschließen.

Werden die Kabel und Leitungen in einem von außen feuerwiderstandsfähigen Kanal oder Schacht verlegt, so kann das Feuer nicht in den Schacht und somit auch nicht durch die Wand oder Decke in den anderen Raumbereich gelangen. Ein Austreten von Feuer und Rauch aus dem Installationsschacht oder -kanal muss dazu verhindert sein. Dazu dienen die Brandschottungen.

Bei der Verwendung von Installationsschächten sollte der Übergang von einem Geschoss zum nächsten, abhängig von Art, Größe und Belegung des Installationsschachtes, in der Decke eine Schottung erhalten, damit der Schacht im Brandfall nicht als Kamin wirkt und den gesamten Schachtinhalt zerstört. Bei einer horizontalen Abschottung wird allerdings die einfache Nachinstallation behindert. In jedem Fall sind die aus dem Schacht austretenden Kabel und Leitungen mit Kabelschottungen zu versehen. Ausnahmen bestehen nur, wenn innerhalb des Installationsschachtes nicht brennbare Kabel verwendet werden.

Im Zusammenhang mit der Durchführung von Installationsrohren wird in der MLAR 2020 (Abschnitt 4.3.1) davon ausgegangen, dass eine Schottung von einzeln geführten, brennbaren Rohren mit einem Außendurchmesser von bis zu 32 mm unter bestimmten Umständen keine Maßnahmen erfordert.

Im Folgenden werden hauptsächlich die Verfahren zur Herstellung von Kabelschottungen beschrieben. Die anderen Verfahren lassen sich aus den Beschreibungen der Brandschutzverkleidung zur Verringerung der Brandlast in Flucht- und Rettungswegen sowie aus der Beschreibung der mineralisolierten Kabel ableiten.

4.2 Mauerwerk und Decken

Der Verschluss von Öffnungen in Wänden und Decken setzt voraus, dass zunächst eine Brand- und Rauchübertragung auf direktem Wege ausgeschlossen wird. Dies kann durch einen sorgfältigen Verschluss der Öffnungen erreicht werden. Ein Problem ist aber die Übertragung eines Feuers durch *Wärmeleitung*. Wenn unter einer Decke ein Feuer mit ca. 1000 °C über 90 min lang brennt, so führt dies zu einer Temperaturerhöhung auf der Oberseite der Decke, hauptsächlich infolge von Wärmeleitung über die Kabel und Leitungen oder die Rohre. Das Leitermaterial Kupfer unterstützt dies mit seinem guten Wärmeleitvermögen. Dadurch wird die Kunststoffisolierung auf der anderen Seite des Schotts zersetzt. Das Problem wird umso größer, je dünner das Bauteil ist, das abgeschottet ist. Bei einem Brandschott S90 in einer Betondecke kann das eine Dicke von 10 cm sein. Durch die Temperatur aufgeweichte thermoplastische Kunststoffisolierungen zersetzen sich und bilden zusätzlich zu den evtl. durchströmenden Brandgasen auf der kalten Schottseite eine brennfähige Gasmischung. Auch können heiße Brandgase schnell durch Zwickel zwischen den Leitungen oder durch die aufgeschmolzene Isolierung auf die andere Seite des Schotts gelangen. Das bedeutet für den Nutzer eines Gebäudes, dass er z. B. in unmittelbarer Nähe eines Brandschotts keine leicht entzündlichen oder leicht brennbaren Stoffe lagern darf.

Eine *mechanische Belastung* eines Brandschotts für Kabel und Leitungen muss bei Brandbelastung ausgeschlossen werden. Diese Forderung kann nur dann erfüllt werden, wenn eine einwandfreie Aufhängung der Trasse, auch unter Brandbelastung, gewährleistet ist. Würde sich z. B. eine Kabelbühne auf der Brandseite eines Plattenschotts lösen und herunterfallen, so könnte das gesamte Schott aus der Wand gezogen werden und die Abschottung wäre wirkungslos. In diesem Zusammenhang wird auf DIN VDE 100-520, VDE 0100-520: 2013-06 hingewiesen. Dort ist die mechanische Belastung der Trassen thematisiert. Zu beachten ist auch die mechanische Belastung infolge der Wärmeausdehnung der durchgeführten Kabel, Leitungen, Stromschienen und metallischen Rohre. Diese ist nicht nur unter Brandbelastung, sondern auch für den normalen Betriebszustand zu berücksichtigen. Temperaturschwankungen machen sich dabei besonders bei großen Leiterquerschnitten, Schienensystemen und Rohren bemerkbar. Die Wärmeausdehnung kann zu Rissen und somit zur Brandgasdurchlässigkeit des Schotts führen.

Nach der Fertigstellung der Anlage stellt der Errichter eine Bescheinigung entsprechend **Bild 4.2** aus, in der er bestätigt, dass die Schottung nach den Vorgaben der Hersteller eingebracht wurde.

Übereinstimmungsbestätigung

Abschottungs-Systeme
nach DIN 4102 Teil 9 und DIN EN 1366 Teil 3

Name und Anschrift des Unternehmens: Hier die Firmendaten eingeben!
Errichter des Abschottungs-Systems

Baustelle/Gebäude: Hier den Einbauort eingeben!
Name des Bauvorhabens und Adresse — Bei mehreren Orten separates Blatt anhängen.

Geforderte Feuerwiderstandsklasse: S90 nach DIN

Datum der Herstellung: Datum

Hiermit wird bestätigt, dass

- die Kabel-/Kombiabschottung(en) "PYROMIX® Mörtelschott", Feuerwiderstandsklasse S90 nach DIN 4102-9; DIBt-Zulassungsnummer Z-19.15-2046 zum Einbau in Wände der Feuerwiderstandsklasse F90 hinsichtlich aller Einzelheiten fachgerecht und unter Einhaltung aller Bestimmungen des genannten Verwendbarkeitsnachweises hergestellt und eingebaut sowie gekennzeichnet wurde(n) und

- die für die Herstellung des Zulassungsgegenstands verwendeten Bauprodukte (z. B. Schottmassen, Mineralfaserplatten, Rahmen etc.) entsprechend den Bestimmungen des Verwendbarkeitsnachweises gekennzeichnet waren.

Ort/Datum

Ort/Datum — Firmenstempel/Unterschrift

Diese Bescheinigung ist dem Bauherrn zur ggfs. erforderlichen Weitergabe an die zuständige Bauaufsichtsbehörde auszuhändigen.

© 2013 OBO Bettermann GmbH & Co. KG, Menden — Formular Übereinstimmungsbestätigung Abschottungen BSS 07.2013

Bild 4.2 Beispiel einer Errichterbescheinigung
Werkbild OBO Bettermann GmbH & Co. KG

4.2.1 Mörtelschott

Ein Mörtelschott wird mit *Brandschutzmörtel* verschlossen. Das Verfahren eignet sich zum Verschluss von mittleren bis großen Durchbrüchen. **Bild 4.3** zeigt das Einbringen des Mörtels in den Durchbruch. Die Zulassungen der Hersteller enthalten Hinweise auf die maximale Schottgröße. Diese bezieht sich auf die Größe der Wand- bzw. Deckenöffnung und auf die Dicke des zu verschließenden Bauteils. Eine weitere Einschränkung, der in der Praxis oft nicht genügend Beachtung geschenkt wird, ist die maximal belegbare Fläche des Schotts mit Kabeln und Leitungen. Diese liegt je nach verwendetem System bei 50 bis 60 %. Das bedeutet, dass ein Schott ungefähr doppelt so groß sein muss wie das Kabel- und Leitungsbündel. Soll eine Nachinstallationsmöglichkeit vorgehalten werden, so ist die Fläche entsprechend zu vergrößern. Die Möglichkeit der Nachinstallation kann durch Einlegen von *Brandschutzkeilen* offen gehalten werden. Diese werden bei der Erstellung des Brandschotts eingemörtelt und lassen sich später entfernen. Eine Durchführung zur Nachinstallation muss im Anschluss an die Nachbelegung wieder verschlossen werden. Dazu steht entweder das gleiche Material (Brandschutzmörtel) oder ein in Verbindung mit dem Brandschutzmörtel zugelassener Füllstoff, eine *intumeszierende Brandschutzmasse* aus einer Kartusche, zur Verfügung. **Tabelle 4.1** enthält beispielhaft die maximalen Abmessungen und Abstände für ein Brandschott der Feuerwiderstandsklasse S120. Für die Verwendung der Materialien ist grundsätzlich der entsprechende Zulassungsbescheid maßgeblich. Ein häufig zu beobachtender Fehler beim Einsatz eines Mörtelschotts ist die Einbringung von Leerrohren zur Nachinstallation. Die Zulassungen der Mörtelschotts erlauben dies nicht. Leerrohre sind nur in Schottungen mit intumeszierenden Brandschutzmassen zugelassen, da sich die Öffnungen im Brandfall verschließen müssen.

Bild 4.3 Mörtelschott
Werkbild der Minimax GmbH & Co. KG

Tabelle 4.1 Beispielhafte Abmessungen für ein Mörtelschott in mm
Quelle: Hilti Deutschland AG

Bezeichnung des Bauteils	Wandschott S90	Deckenschott S90
Mindestdicke des Bauteils	100	100
Maximale Schottgröße (B x H)	1600 x 2800	600 x unbegrenzt
Mindestabstand der Kabeltrasse zur oberen Bauteillaibung	30	30
Horizontaler Abstand der Kabeltrassen untereinander	0	0
Vertikaler Abstand der Kabeltrassen untereinander	30	30
Mindestabstand zum nächsten Schott	200	200
Maximale Nachbelegungsfläche (H x B)	300 x 100	100 x 70
Mindestabstand der Nachbelegung zur Bauteillaibung	50	50

4.2.2 Plattenschott

Im Gegensatz zu dem vorgenannten Mörtelschott wird ein Plattenschott aus nicht brennbaren *Mineralwollplatten*, A1 Schmelzpunkt größer 1.000 C°, hergestellt, die eine Brandschutzbeschichtung enthalten. Diese Brandschutzbeschichtung besteht aus einer ***ablativen Beschichtung***, die im Brandfall einen kühlenden Effekt hat. Dazu sind die Übergänge der Kabeltrasse zur Wand in einer von der Feuerwiderstandsdauer abhängigen Länge ebenfalls mit der Brandschutzbeschichtung zu bestreichen. Die Schichtdicke der Brandschutzbeschichtung beträgt, abhängig von Hersteller und Zulassung, 0,7 mm bis 2 mm.

Das Plattenschott lässt sich aufgrund seiner Bauart sehr gut in Trockenbauwänden verwenden. In **Bild 4.4** ist der Einsatz gezeigt. Hier scheidet ein Mörtelschott wegen der fehlenden Zulassung aus. Die Plattenschotts sind aber nicht für alle Einsatzfälle zugelassen. Weil das Material der Brandschutzbeschichtung wasserlöslich ist, lassen sich diese Systeme in feuchten Räumen und im Außenbereich nicht verwenden. **Tabelle 4.2** zeigt die Einsatzmöglichkeiten von Plattenschotts.

Neben dem Brandschutz sind auch die *schallschutztechnischen Kenndaten* der Plattenschotts von Bedeutung. Sie betragen bis zu RWR = 50 dB.

Bei der Anwendung der Brandschutzbeschichtungen sind die Sicherheitsempfehlungen des Herstellers unbedingt zu beachten. Ein Kontakt mit der Haut und mit Nahrungsmitteln ist zu vermeiden.

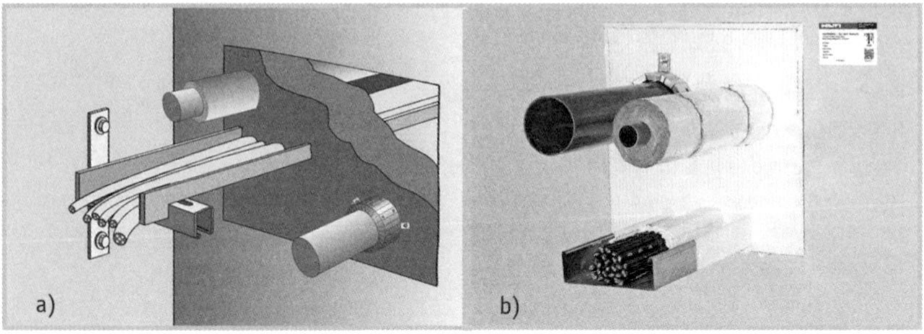

Bild 4.4 Plattenschott
a) innerer Aufbau; b) Ansicht des fertigen Schotts
Werkbild Hilti Deutschland AG

Tabelle 4.2 Beispielhafte Abmessungen für ein Plattenschott in mm
Quelle: Hilti Deutschland AG

Bauteil	**Massivbauwand/ -decke S90**	**Leichtbauwand S90**	**Leichtbauwand S30**
Mindestdicke des Bauteils aus – Beton – Mauerwerk – leichte Trennwand	 100 Wand; 150 Decke 100 Wand –	 100	 100
Maximale Schottgröße (B x H) – in der Wand – in der Decke	 1.200 x 2.000 1.000 x unbegrenzt	 1.200 x 2.000	 700 x 500
Mindestabstände von Kabeltrassen – zur Bauteillaibung – untereinander horizontal – untereinander vertikal	 50 50 50	 20 20 30	 30 20 50
Mindestabstand zum nächsten Schott	200	200	200
Mindestdicke der Steinwollplatten	2 x 50	2 x 50	1 x 60
Schichtdicke der Brandschutz-beschichtung	0,75	0,75	
Länge der Beschichtung auf der Trasse	150	150	100
Maximale Kabeltrassenbelegung in % der Öffnungsgröße	60	60	60

Vor Ort werden oft Plattenschotts angetroffen, in die ein Loch für die Nachbelegung gestochen wurde. Für die spätere Nachinstallation sind aber nur systemgebundene Werkstoffe und Techniken zulässig, für die eine bauaufsichtliche Zulassung in Verbindung mit dem Originalschott vorliegt.

4.3 Verschluss von kleineren bis mittleren Öffnungen

Die Verwendung der vorgenannten Systeme bezieht sich auf mittlere bis große Öffnungen. Für kleinere bis mittlere Öffnungen lassen sich *intumeszierende Brandschutzmassen* oder *Brandschutzschäume* sehr gut verwenden, die z.B. in Kartuschen gehandelt werden. Diese Materialien gestatten auch den Verschluss von Öffnungen, in denen Rohre installiert wurden. Durch die aufschäumende Wirkung des intumeszierenden Materials können, wie in **Tabelle 4.3** gezeigt, die entstehenden Öffnungen sicher verschlossen werden. Bei der Verwendung der beiden vorgenannten Schottungen – dem Mörtelschott und dem Plattenschott – ist das schwer möglich. Die Verwendung ist in Untergründen aus Beton, Porenbeton und Mauerwerk möglich. Brandschutzschäume mit Zulassung können auch im *Trockenbau* verwendet werden, dazu muss jedoch eine Bauteillaibung nach Zulassung erstellt werden. Die **Bilder 4.5** und **4.6** zeigen den Einsatz der Brandschutzmasse.

Es handelt sich hierbei um chemische Produkte, weshalb man bei der Verwendung auch hier die seitens des Herstellers vorgeschriebenen Arbeitsschutzmaßnahmen beachten muss.

Tabelle 4.3 Beispielhafte Abmessungen für ein Brandschott mit intumeszierender Brandschutzmasse
Quelle: Hilti Deutschland AG

Bauteil	**Abmessung**
Öffnungen in Beton, Porenbeton, Mauerwerk	Wand- und Deckendicke ≥ 150 mm
Runde Öffnungen	≤ 200 mm Durchmesser
Durchführungen	≤ 300 cm^2 Fläche
Hinterfüllmaterial	Baustoffklasse A mit Schmelzpunkt über 1000 °C
Hinterfüllmaterialdicke	≥ 50 mm

Bild 4.5 Brandschutzmasse
Werkbild DOYMA Dichtungssysteme

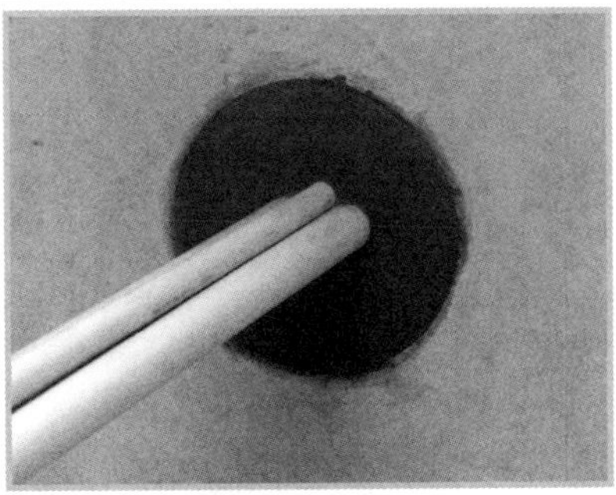

Bild 4.6 Brandschutzmasse
Werkbild Hilti Deutschland AG

4.4 Sonstige Verfahren

Brandschutzsteine und Brandschutzstopfen sind moderne und innovative vorgefertigte Verschlussmaterialien aus einem weichen PU-Material, welches mit im Brandfall aufquellenden Zuschlägen versehen ist. Mit ihnen lassen sich kleinere, mittlere und große Öffnungen sauber, zeitsparend und nachhaltig verschließen. Bei den *Brandschutzsteinen* besteht eine sehr einfache Nachinstallationsmöglichkeit. Die Steine werden nach **Bild 4.7,** ähnlich dem Mauerwerk, in die zu verschließenden Öffnungen in Beton, Mauerwerk oder Trockenbauwände gestapelt. Für die Leitungsführung werden sie passend ausgeschnitten. Zur Nachinstallation wird die entsprechende Anzahl an Steinen herausgenommen oder durchgebohrt und die verbleibende Öffnung nach Abschluss der Nachinstallation wieder verschlossen. Die Steine können auch entsprechend der verbleibenden Restöffnung zerteilt werden. Restlöcher lassen sich mithilfe einer intumeszierenden Brandschutzmasse systemgebunden verschließen. Brandschutz-Formteile eignen sich auch sehr gut für Räume, die eine Anforderung an die Gasdichtigkeit oder Schallschutzanforderungen stellen. Je nach Hersteller sind hierfür gesonderte Prüfberichte erhältlich.

Brandschutz-Kabelmanschetten werden ähnlich verarbeitet. Hierbei handelt sich um eine einfache Vorschottlösung, die auch bei 100 % belegten Öffnungen verwendet werden kann. Eine Laibungsausbildung in Trockenbauwänden ist hier nicht erforderlich. Bei ihnen wird, im Gegensatz zu den Brandschutzsteinen, eine runde Öffnung verschlossen **(Bild 4.8).** Auch bei den Brandschutz-Kabelmanschetten lassen sich die Installationswege durch Freischneiden herstellen. Die Nachinstallation ist ebenso einfach wie bei den Brandschutzsteinen. Die Brandschutz-Kabelmanschetten eignen sich bevorzugt im Bereich von kleinen Öffnungen.

Bild 4.7 Brandschutzsteine
Werkbild Hilti Deutschland AG

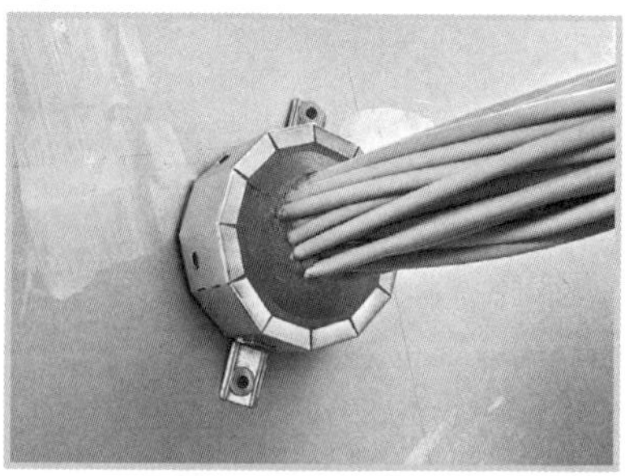

Bild 4.7 Brandschutz-Kabelmanschetten
Werkbild Hilti Deutschland AG

Sogenannte Modulboxen, **Bild 4.9 a)**, oder Brandschutzhülsen, **Bild 4.9 b)**, sind eine ideale Abschottung in Leichtbauwänden, da sie keine Laibungsauskleidung in der Wand erfordern. Vor allem die problemlose Montage und die unkomplizierte Nachinstallation erweisen sich als großer Vorteil für kleine und mittlere Brandschottungen.

Besondere Herausforderungen treten bei der Schottung von Rohrdurchführungen aus brennbaren Rohren (z. B. Abwasserrohre) auf. Eine Möglichkeit bieten die intumeszierenden Brandschutzmassen zum Verschluss von Öffnungen mit Rohren bis 32 mm Durchmesser nach den Erleichterungen der Leitungsanlagenrichtlinie. Das Aufschäumvolumen des Schotts muss in einem bestimmten Verhältnis zum Ursprungsvolumen stehen. Die fabrikfertigen Rohrdurchführungen sind für die entsprechenden Rohrdurchmesser so dimensioniert, dass im Brandfall das wegbrennende Rohr durch das aufschäumende Material sicher verschlossen wird. Die Systeme haben deshalb auch nur für die jeweiligen Rohrnennweiten und Rohrtypen eine Zulassung. Die Übertragung von Feuer und Rauch wird sicher verhindert.

Mit einer von außen aufgesetzten *Manschette, die mit einer intumeszierenden Brandschutzeinlage gefüllt ist,* kann ein brennbares Rohr (z. B. Abwasserrohre) ebenfalls gegen Übertragung von Feuer und Rauch geschützt werden. Manche dieser Produkte lassen sich für unterschiedliche Rohrdurchmesser zuschneiden und sind je nach Hersteller auch für schwierige Rohrschott-Situationen geeignet. **Bild 4.10** und **Bild 4.11** zeigen eine mögliche Anordnung. Dabei ist auf jeder Seite der Wand eine Manschette zu montieren.

Eine Besonderheit bei brennbaren Rohren stellen die sogenannten Elektro-Installationsrohre dar.

Diese sind immer gesondert in den jeweiligen Zulassungen erwähnt. Eine Möglichkeit bieten z.B. Brandschutzschäume oder Brandschutzsteine.

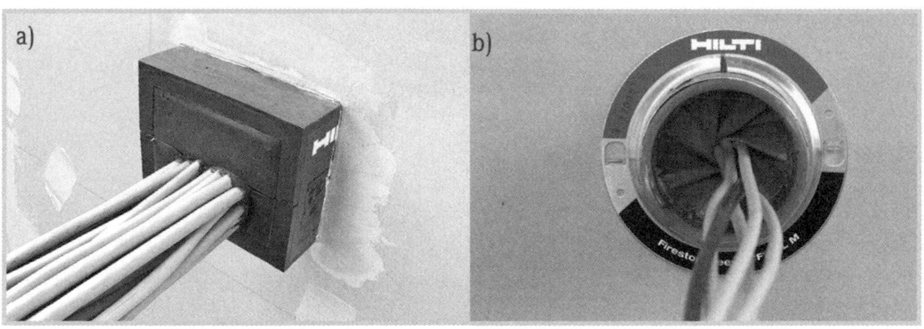

Bild 4.9 a) Modulbox b) Brandschutzhülse
Werkbild Hilti Deutschland AG

Das **Bild 4.12** zeigt diese Systeme, welche natürlich auch mit anderen Leitungen belegt werden können.

Bild 4.10 Manschette zur Abschottung von Rohrdurchführungen
Werkbild DOYMA Dichtungssysteme

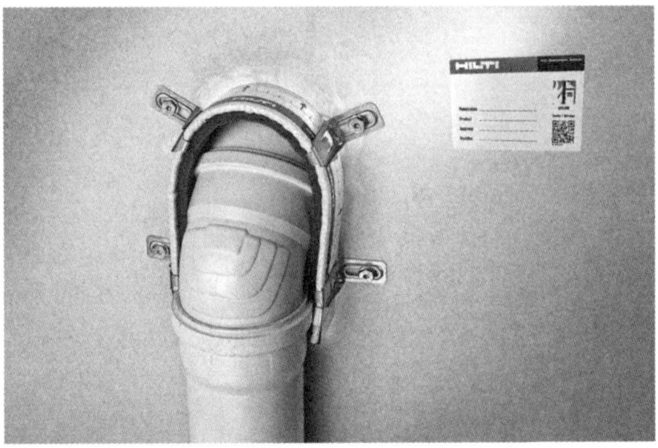

Bild 4.11 Rohrmanschette
Werkbild Hilti Deutschland AG

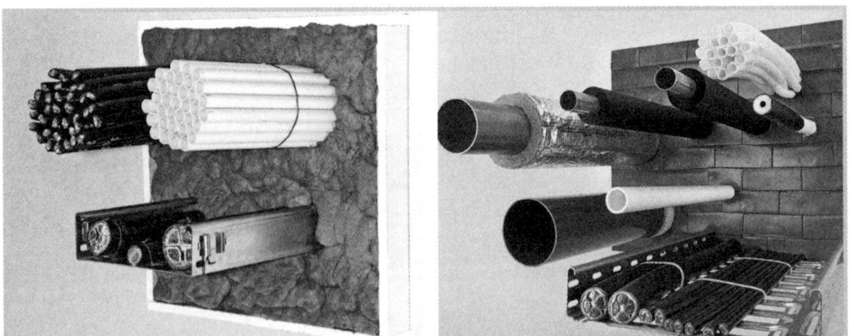

Bild 4.12 Brandschutzschaum und Brandschutzstein
Werkbild Hilti Deutschland AG

Die Elektro-Installationsrohre können unbelegt, als Reserverohr für eine spätere Nachinstallation, durch das Schott geführt werden. Die allgemein bauaufsichtlichen Zulassungen genehmigen flexible und starre Elektroleerrohre aus Kunststoff und Metall. Es können sogar gebündelte Elektro-Leerrohre bis 100 mm Bündeldurchmesser abgeschottet werden.

Die Abdichtung der Restflächen des Schottkastens ist auch mithilfe eines nicht systemgebundenen Silikons oder Acryls und mit einem ausschneidbaren, zum System gehörenden Schaumstopfen möglich. Der gesamte freie Innenraum des Schotts kann zu 100 % mit Kabeln und Kunststoffleerrohren belegt werden.

Eine Möglichkeit, Kunststoffleerrohre durch Wände zu führen, bietet auch die Kabelbox (**Bild 4.13**). Für erhöhte Schallschutzanforderungen sind SoniFoam-Kabelboxen mit optimierter Schalldämmung erhältlich.

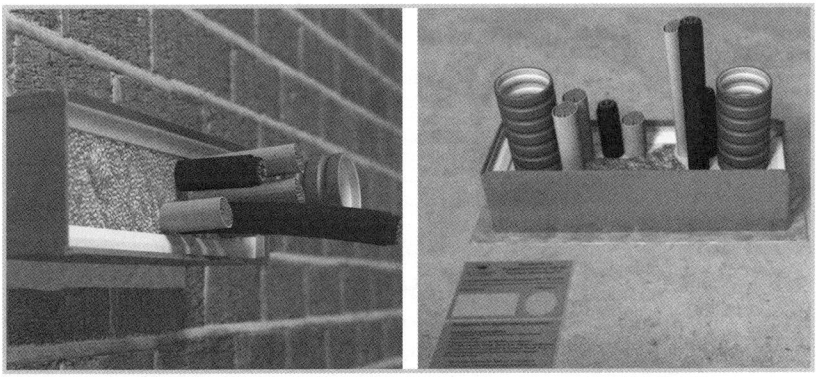

Bild 4.13 Abschottung für Kabel und Kunststoffleerrohre
Werkbild Wichmann Brandschutzsysteme GmbH & Co. KG, Attendorn

4.5 Brandschutzmaßnahmen an Schienensystemen

Die Durchführung von Stromschienen durch Brandwände kann Probleme mit sich bringen. Zum einen können Rauchgase durch die Öffnungen in den Brandwänden dringen, zum anderen ist die Weiterleitung von Wärme ein erhebliches Problem. Aufgrund der guten Wärmeleitfähigkeit der Leitermaterialien, sei es Kupfer oder Aluminium, können auf der kalten Seite einer Brandabtrennung recht hohe Temperaturen auftreten, die durchaus zur Entzündung von Gegenständen führen können, herrscht doch im Abstand von wenigen 10 cm eine Temperatur von einigen 100 °C. Um diese Temperatur auf der kurzen Strecke abzubauen, bedarf es besonderer Vorkehrungen. Diese haben dazu geführt, dass die Hersteller systemgebundene Bauelemente für ihre Stromschienen anbieten, die bauaufsichtlich zugelassen sind. Ein herkömmliches Weich- oder Plattenschott kann die gestellten Anforderungen dagegen nicht erfüllen.

4.6 Veränderbare Maßnahmen

Bei laufenden Umbaumaßnahmen oder im Zuge des Baufortschritts ist es manchmal erforderlich, Öffnungen in Brandwänden für eine ungehinderte Ausführung der Arbeiten offen zu lassen. Da aber gerade während der Montagearbeiten eine erhöhte Brandgefahr, z. B. durch Schweißarbeiten, besteht, wird von den ausführenden Firmen häufig gefordert, die Öffnungen in Brandwänden bereits während der Montagezeit brandschutztechnisch zu verschließen. Hierzu stellt die Industrie Systeme bereit, die die Anforderungen während der Bauzeit erfüllen und eine schnelle und nahezu ungehinderte Installation der Kabeltrassen ermöglichen. Einen derartig geschützten Deckendurchbruch zeigt **Bild 4.14.** Diese Systeme lassen sich auch hervorragend in Bereichen verwenden, in denen mit einer häufigen Nachinstallation zu rechnen ist. Dies gilt z. B. für Datenverarbeitungsanlagen und deren Verteilerräume oder für Produktionsanlagen mit häufigem Änderungsbedarf.

Die Anwendung ist in Leichtbauwänden ebenso möglich wie in Betondecken und in Beton- und Mauerwerkswänden.

Bild 4.14 Flexible Deckendurchführung bei häufigem Belegungswechsel
Werkbild der Minimax GmbH & Co. KG

In Veranstaltungsräumen müssen oft für kurze Zeit Leitungen durch Wände mit Brandschutzeigenschaften geführt werden. Die Öffnungen sind dabei gegen die Übertragung von Feuer und Rauch zu schützen. Dafür ist ein festes Schott nicht angebracht. Zum Schutz der Öffnung eignen sich *Rauchgasschürzen* nach **Bild 4.15**. Eine Manschette, die an einer Kabelbox befestigt ist, wird um die Leitungen geschnürt und verschließt die Restöffnung der Kabelbox vollständig. Im Brandfall wirkt die Kabelbox und verschließt die gesamte Öffnung entsprechend der Feuerwiderstandsklasse rauch- und feuerdicht. Nach dem Lösen der Manschette lässt sich die Leitung mühelos entfernen. Die Öffnung kann wiederholt belegt werden.

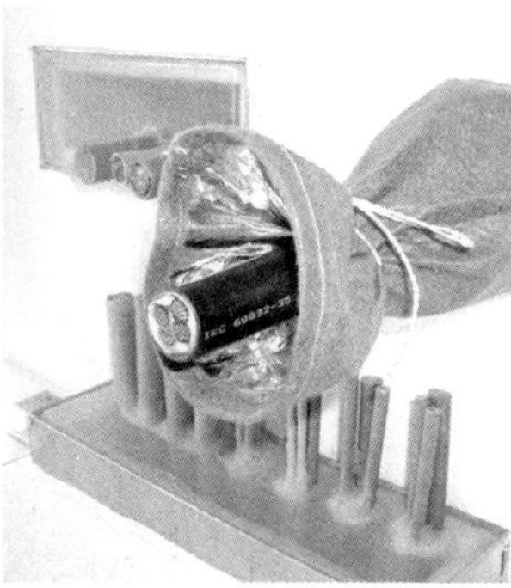

Bild 4.15 Rauchgasschürze zum veränderbaren Verschluss von Öffnungen
Werkbild Wichmann Brandschutzsysteme GmbH & Co. KG, Attendorn

4.7 Einzeln geführte Leitungen

Bei einzeln geführten Leitungen sind Vereinfachungen hinsichtlich der Abschottung gegenüber den Leitungsbündeln möglich. Dazu zählen

- elektrische Leitungen,
- nicht brennbare Rohrleitungen mit Außendurchmesser bis 160 mm, die nicht aus Aluminium oder Glas bestehen,
- Rohrleitungen für nicht brennbare Flüssigkeiten aus nicht brennbaren Werkstoffen bis 32 mm Außendurchmesser,
- Installationsrohre für elektrische Leitungen aus brennbaren Baustoffen bis zu einem Außendurchmesser von 32 mm.

Der Abstand der einzeln geführten elektrischen Leitung zu einer anderen und zu einer Rohrleitung für nicht brennbare Flüssigkeiten muss mindestens dem Außendurchmesser der dickeren von beiden entsprechen.

Der Abstand von einzeln geführten Leitungen zu Installationsrohren für elektrische Leitungen muss mindestens gleich dem 5-fachen Durchmesser des größeren von beiden sein. Eine mögliche Anordnung von Durchbrüchen verschiedener Gewerke und deren Abstände untereinander zeigt **Bild 4.16.**

Die einzeln geführten Leitungen müssen durch jeweils separate Durchbrüche geführt werden und der verbleibende Freiraum muss entweder mit Mineralfasern mit einem Schmelzpunkt ≥ 1000 °C oder mit einem intumeszierenden (aufschäumenden) Brandschutzmaterial verschlossen werden. Dabei darf der Freiraum um die Leitungen bei der Verwendung von Mineralfasern nicht größer als 50 mm und bei der Verwendung von aufschäumenden Baustoffen nicht größer als 15 mm sein. Die unterschiedliche Größe des Freiraumes liegt in der späten Reaktion der aufschäumenden Baustoffe begründet, die bei kaltem Rauch nicht reagieren. Die beiden möglichen Varianten sind im **Bild 4.17** dargestellt.

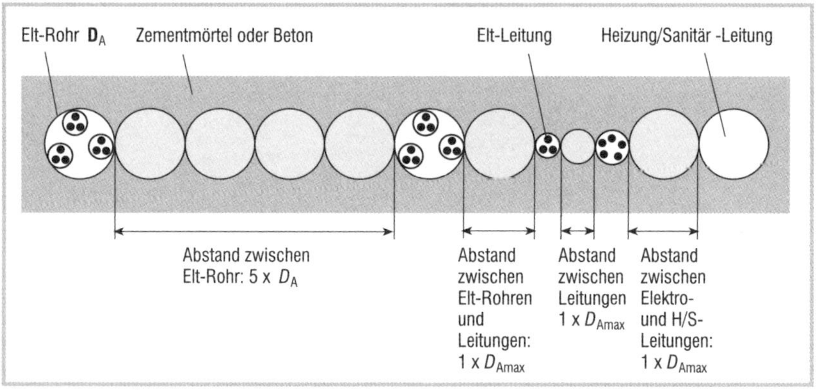

Bild 4.16 Einzuhaltende Abstände bei der Verlegung von Einzelleitungen

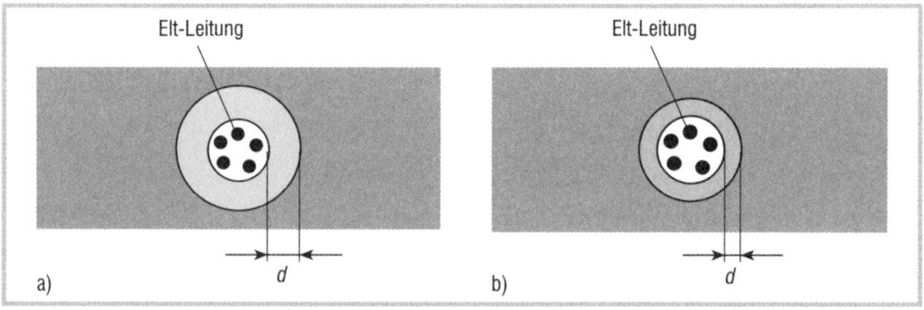

Bild 4.17 Einzelleitungen durch separaten Durchbruch
a) Verschluss mit Mineralfasern, d ≤ 50 mm;
b) Verschluss mit intumeszierendem Baustoff, d ≤ 15 mm

Darüber hinaus dürfen einzeln geführte Installationsrohre für elektrische Leitungen aus brennbaren Baustoffen bis 110 mm Außendurchmesser einzeln durch Decken geführt werden, wenn sie, wie in **Bild 4.18** gezeigt, in Schlitzen von massiven Wänden verlegt werden, die mit einem 15 mm dicken mineralischen Putz auf nicht brennbarer Unterlage mit dahinterliegender mindestens 10 mm dicker, nicht brennbarer Dämmung mit einer Schmelztemperatur von mindestens 1.000 °C oder mit einer 25 mm dicken mineralischen Platte verschlossen sind. Die notwendige Feuerwiderstandsfähigkeit der Wand darf durch den Wandschlitz nicht beeinträchtigt werden.

Eine andere Möglichkeit besteht darin, die Rohre in Wandecken zu führen, dass sie zweiseitig an die Wände und von den anderen zwei Seiten von mindestens 15 mm mineralischem Putz auf nicht brennbaren Trägern mit dahinterliegender mindestens 10 mm dicker, nichtbrennbarer Dämmung mit einer Schmelztemperatur von mindestens 1.000 °C oder von 25 mm dicken mineralischen Platten vollständig umschlossen werden **(Bild 4.19).**

Durch diese Bauweise entsteht praktisch in einer Art Abkofferung ein Installationskanal, der allerdings keine konkrete Klassifikation hinsichtlich des Brandschutzes aufweist. Es ist zulässig, die von diesen Rohrleitungen abzweigenden Leitungen, die in den Geschossen verbleiben, offen zu verlegen. Das bedeutet für die Führung von Steigleitungen in Gebäuden nicht zu großer Höhe eine interessante Möglichkeit der Leitungsführung in brennbaren Installationsrohren bis zu 110 mm Außendurchmesser. Im Zusammenhang mit der Leitungsbefestigung sei jedoch auf die VDE-Bestimmungen

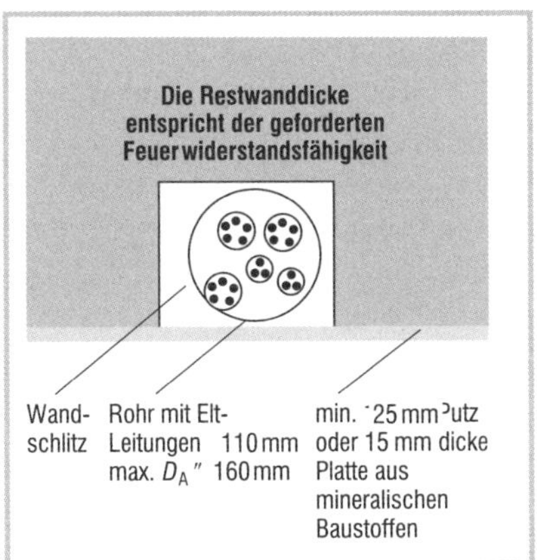

Bild 4.18 Installationsrohr über mehrere Etagen im Wandschlitz

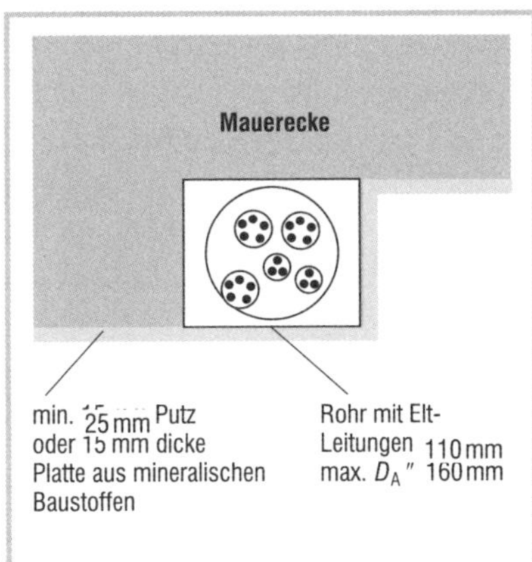

Bild 4.19 Installationsrohr über mehrere Etagen in der Mauerecke

verwiesen. Diese schreiben in DIN VDE 0100-520 VDE 0100-520:2013-06 (s. auch DIN EN 50565-1) Mindestbefestigungsabstände bei senkrecht verlegten Kabeln vor. Hier gilt der maximale senkrechte Befestigungsabstand von 1,5 m, der in einem etagenübergreifenden Rohr nicht erreichbar sein dürfte.

5 Leitungsanlagen in Flucht- und Rettungswegen

Die Vermeidung von Brandlasten in Flucht- und Rettungswegen ist für Neubauvorhaben eine Pflicht nach den gültigen Leitungsanlagenrichtlinien (LAR). In bestehenden Gebäuden muss der Elektrotechniker jedoch die zum Zeitpunkt der Errichtung geltenden Vorschriften einhalten. Wird die zum Errichtungszeitpunkt maximal zulässige Brandlast überschritten, so sind Vorkehrungen zu treffen, um den Bestimmungen gerecht zu werden. Dabei sind folgende Grenzwerte zu berücksichtigen: Handelte es sich um PVC-Leitungen, so durfte die Brandlast 7 kWh/m^2 betragen, wurden dagegen ausschließlich halogenfreie Leitungen verlegt, so waren 14 kWh/m^2 erlaubt. Bei einer Sanierung ergeben sich mehrere Möglichkeiten:

- Die komplette Entfernung der Leitungsanlage aus dem Flucht- und Rettungsweg ist sehr aufwändig.
- Die Erstellung einer Unterdecke mit einer Feuerwiderstandsdauer von 30 min ist ebenfalls sehr teuer. Dabei muss berücksichtigt werden, dass unter Umständen eine automatische Brandmeldeeinrichtung oberhalb der Unterdecke gefordert wird. Diese kann auch in Verbindung mit einer brandsicheren Kabelverlegung gefordert werden, da diese Decken im Brandfall keine weitere Auflast, z. B. durch herunterfallende Kabel, erhalten dürfen.
- Die Einhausung der Leitungstrasse mit einem feuersicheren System aus werksmäßig hergestellten Kanalsystemen oder bauseits erstellten Umhausungen sowie Kabelbandagen sind gängige Maßnahmen zur Brandlastvermeidung.

5.1 Sonderfälle für das offene Verlegen von Leitungen

In notwendigen Treppenräumen und notwendigen Fluren dürfen Leitungen in Ausnahmefällen auch offen verlegt werden, wenn sie

- nicht brennbar sind oder
- ausschließlich der Versorgung der jeweiligen Räume und Flure dienen oder

- in notwendigen Fluren der Gebäudeklasse 1 bis 3, deren Nutzungseinheiten eine Fläche von 200 m^2 nicht überschreiten und die keine Sonderbauten sind, Leitungen mit verbessertem Brandverhalten sind.

Nicht brennbar sind Leitungen, die nach DIN EN 60702-1 VDE 0284-1:2015-08, gefertigt sind. Hierbei handelt es sich um *mineralisolierte Leitungen,* deren Umhüllung aus Metall besteht und deren Isolierstoff ein Mineral ist. Diese Leitungen werden bevorzugt in Leitungsanlagen mit Funktionserhalt eingesetzt.

Leitungen mit *verbessertem Brandverhalten* sind Leitungen, die im Brandfall nur eine geringe Rauchmenge abgeben. Das sind Leitungen nach

- DIN VDE 0250-214 halogenfreie Mantelleitungen mit verbessertem Brandverhalten,
- DIN VDE 0266 Starkstromkabel mit verbessertem Verhalten im Brandfall,
- DIN VDE 0276-604 und -622 für Kabel in Kraftwerken.

Seit 2013 werden zudem auch Kabel und Leitungen unter der europäischen Bauproduktenverordnung 305/2011/EG erfasst. Nach EN 13501-6 lassen sie sich jetzt den Euroklassen A bis F zuordnen, die das Brandverhalten beschreiben (siehe Abschnitt 2.3 und 3.3).

Als weiterer Sonderfall können in notwendigen Fluren kurze Stichleitungen betrachtet werden. Diese dürfen auch offen verlegt werden. Die Verlegesysteme müssen jedoch aus nicht brennbaren Baustoffen bestehen. Diese sind festgelegt in DIN VDE 0604 Teil 2-1 (Elektroinstallationskanalsysteme für Wand und Decken) und DIN VDE 0605 (Elektroinstallationsrohrsysteme für elektrische Energie und für Informationen).

5.2 Einzeln verlegte Leitungen

5.2.1 Verlegung unter Putz

Bei der Einzelverlegung von Leitungen unter Putz entsteht die Frage nach der Praktikabilität dieser Verlegeart, weil nach allen Erfahrungen die Putzdicke von 15 mm, die z. B. bei der Verlegung von Stegleitungen als Überdekkung gefordert wird, nur in den seltensten Fällen eingehalten wird **(Bild 5.1)**. Wie soll dann eine andere Leitung voll eingeputzt werden? Weiterhin ist die Frage zu stellen: Wann gelten nebeneinander verlegte Leitungen unter Putz als einzeln verlegt? Zieht man dabei den Abschnitt von der Führung von Leitungen durch Decken und bestimmte Wände zu Rate, so sind diese mit dem Abstand des Durchmessers der dicksten Leitung zueinander zu verlegen.

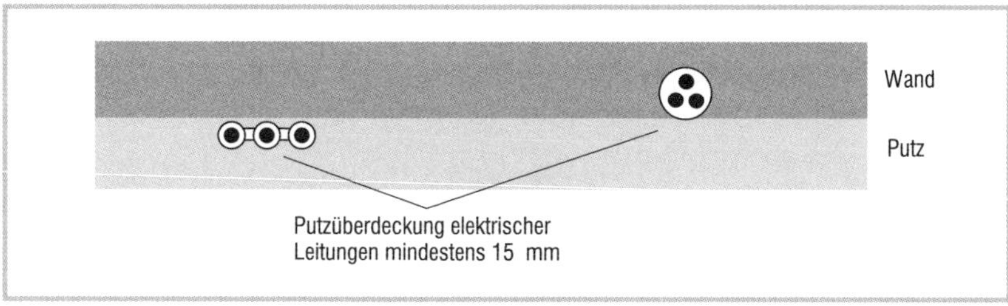

Bild 5.1 Verlegung von Leitungen unter Putz

5.2.2 Verlegung in Wänden

Da dürfte eine Verlegung in *Wandschlitzen* die einfachere Alternative sein. Beachtet werden muss dabei jedoch die Feuerwiderstandsfähigkeit der Wand, die durch die Schlitzung nicht beeinträchtigt werden darf. Das kann in einem kostenoptimierten Neubau problematisch werden, wenn eine Hauptleitungstrasse installiert werden soll. Die Schaffung von Installationsschächten ist neben der Verlagerung der Trassen aus den notwendigen Treppenräumen und Fluren da sicherlich die sinnvollere Alternative.

Auch in *Leichtbauwänden* ist nur die Führung einzelner Leitungen gestattet. Bereits die Leitungsführung einzelner Leitungen in den Verlegezonen nach DIN 18015 kann in der Praxis nur schwer eingehalten werden, weil die Öffnungen in den Ständerwerken nicht auf diese abgestimmt sind. **Bild 5.2** zeigt dieses Problem auf. Zusätzlich sind hier in aller Regel Schallschutzgrenzwerte einzuhalten, was bei der Führung von Leitungsbündeln unmöglich werden kann. In zugelassenen Wandsystemen mit Brandschutzklassifikation ist eine Leitungsführung ohnehin nur ganz beschränkt möglich.

5.2.3 Verlegung von Leitungsbündeln

Als weitere Alternative zu den im vorigen Abschnitt genannten Verlegearten steht die Verlegung in *Installationsschächten* und *-kanälen* mit einer Feuerwiderstandsklasse von I30 zur Verfügung. Diese Feuerwiderstandsklasse gilt jedoch nur, wie **Bild 5.3** zeigt, wenn keine Geschossdecken überbrückt werden. Werden Geschosse durch diese Kanäle verbunden, so gilt die Feuerwiderstandsfestigkeit der Geschossdecke, in der Regel F90, auch

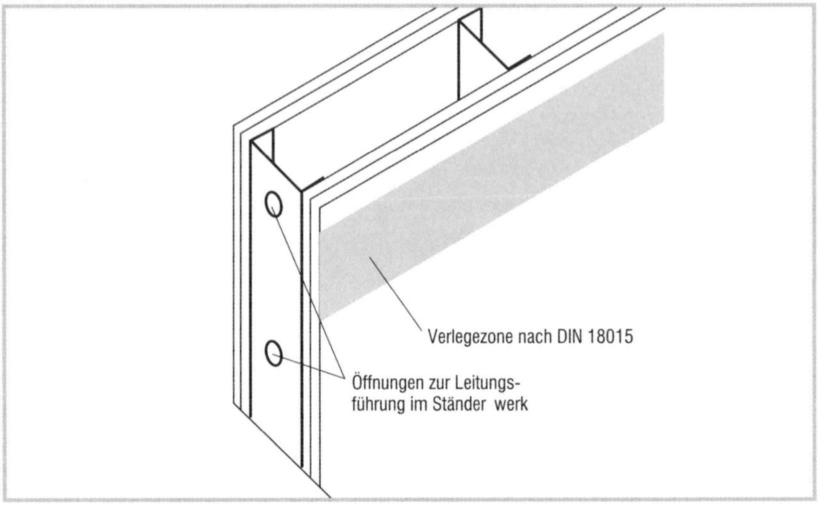

Bild 5.2 Verlegung von Leitungen in Trockenbauwänden

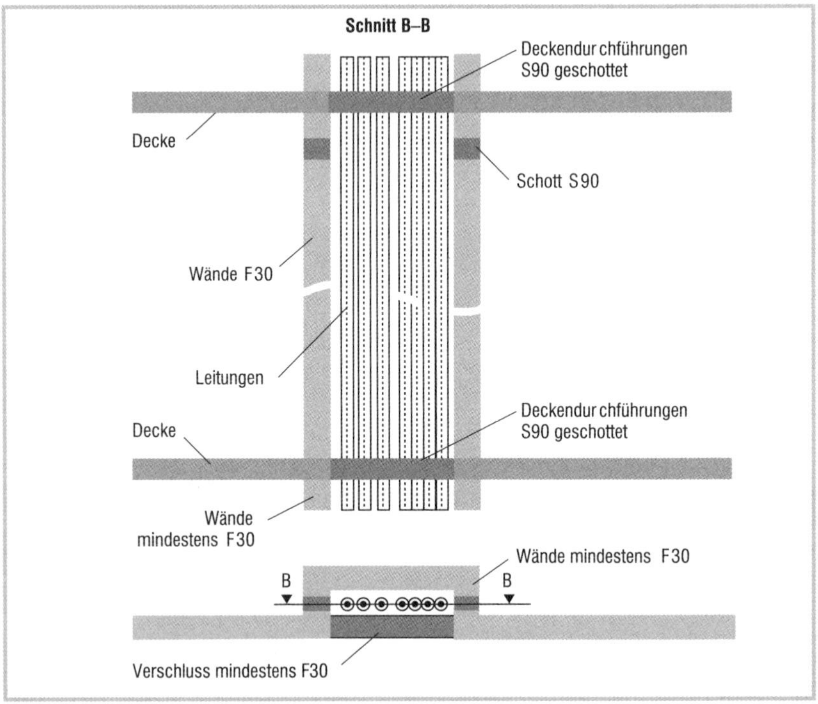

Bild 5.3 Installationsschacht innerhalb einer Etage

für den Kanal (I90). Für alle Einführungen von Leitungen in den Kanal oder Schacht gilt dann ein Verschluss in der gleichen Feuerwiderstandsklasse, im Geschoss überbrückenden Kanal also S90 und im Geschoss verbleibenden Kanal S30.

Natürlich kann anstelle der dargestellten gemauerten Schachtkonstruktion auch ein fabrikfertiger Kanal oder ein vor Ort erstellter Kanal aus zugelassenem Material verwendet werden. Dieser hat dann die Feuerwiderstandsklasse I90 bzw. I30, wenn die Decken geschottet sind.

5.3 Verlegung über Unterdecken

Werden über den Unterdecken von notwendigen Fluren Verlegesysteme angeordnet, so ist zu beachten, dass diese Unterdecken im Brandfall nicht durch herabfallende Leitungen und Tragsysteme belastet werden dürfen. Die Leitungssysteme sind mit Metalldübeln an den Decken oder Wänden zu befestigen, und die Ausleger sind an den freien Enden abzuhängen. Die verwendeten Dübel müssen bauaufsichtlich für den Brandschutzfall zugelassen oder mindestens M8 sein und doppelt so tief, wie für den Normalfall angegeben, eingebaut werden. Ein Herabfallen ist auch nicht zu befürchten, wenn für die Verlegung ein Tragsystem nach DIN 4102-12 in der Klassifikation E30 zulassungsgemäß verwendet wird. **Bild 5.4** zeigt ein derartiges Befestigungssystem.

Als Erleichterung in notwendigen Fluren und Treppenräumen geringer Nutzung brauchen Installationsschächte und Kanäle, die keine Geschossdecke überbrücken, nur aus nicht brennbarem Material mit geschlossenen Oberflächen zu bestehen. Hier bietet sich ein geschlossener Stahlblechkanal an.

Bild 5.4 Sammelschelle zur Befestigung oberhalb von Unterdecken
Werkbild Dätwyler Cables

Im Bereich der Decken ist es in diesen Räumen ausreichend, wenn die Decke aus Metallkassetten oder aus nicht brennbaren Mineralfaserplatten besteht. Besondere Dichtungen sind nicht erforderlich. Auch die Montage von Einbauleuchten, Lautsprechern usw. in die Deckenkonstruktion ist erlaubt. Es dürfen jedoch keine offenen Schlitze oder sonstigen offenen Stellen vorhanden sein. Besondere Dichtungen sind allerdings nicht erforderlich. Für die Leuchten bedeutet dies eine allseits geschlossene Gehäuseform mit nur einer Öffnung nach unten. Im Hinblick auf die Befestigung der Trassen gibt es keine Erleichterung.

5.4 Verkleidung von Kabel- und Leitungstrassen

Zur Verkleidung von Leitungstrassen mit einer nicht brennbaren Umhüllung stehen fabrikfertige Systeme in Form von Kabelkanälen zur Verfügung. Neben geraden Kanalstücken werden auch eine Vielzahl von Formstücken angeboten, die die Montage vor Ort erleichtern.

Da eine Trasse durch die Belastung der Kabel eine Eigenwärme entwickelt, entstehen zusätzliche Probleme durch die notwendige Belüftung der Trasse. Die entstehende Wärme kann in der Regel nicht über die Oberfläche der Umhüllung, sondern nur durch zusätzliche Öffnungen abgeführt werden. Dabei muss berücksichtigt werden, dass Feuer und Rauch nicht aus der Umhüllung austreten dürfen. Auch die Einführung von Kabeln und Leitungen in die Umhüllung muss unter diesen Gesichtspunkten gesehen werden.

Hierzu stellen die Systemhersteller entsprechende Bauteile zur Verfügung. Die Kanäle sind als fabrikfertige Systeme lieferbar **(Bild 5.5)**.

5.5 Bauseits erstellte Verkleidungen

In besonders verwinkelten Situationen lassen sich die Trassen statt mit fabrikfertigen Systemen wesentlich einfacher mit zugelassenen Bauteilen verkleiden. Verwendet werden Platten auf der Basis von Silikaten, die vor Ort auf die jeweiligen Abmessungen zugeschnitten werden. Dadurch steht ein äußerst flexibles System zur Verfügung. Um die Leitungstrassen abzukleiden und den Flucht- und Rettungsweg frei von Brandlasten zu halten, wird ein Kanalsystem der Klassifikation „I“ verwendet. Die durch Verkleidung ent-

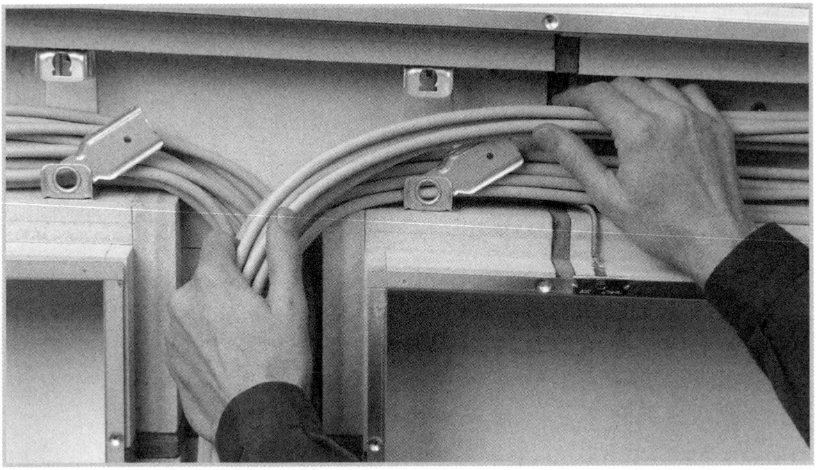

Bild 5.5 Montage im fabrikfertigen Kabelkanal
Werkbild Hager Vertriebsgesellschaft mbH und Co. KG

stehenden Kanäle haben dann die Klassifikation I30, I60 oder I90 gemäß DIN 4102-11.

Besonders wichtig ist diese Art der Installationskanäle im Hinblick auf Erweiterungen einer bestehenden Trasse in einem Flucht- und Rettungsweg. Wenn vor dem Gültigkeitszeitpunkt der MLAR 1998 in einem Raum eine zugelassene Brandlast vorhanden war, so ist bei einer Erweiterung der Kabelanlage mit einer Überschreitung der erlaubten Brandlast zu rechnen. In diesem Fall ist entweder die gesamte Trasse aus dem Flucht- und Rettungsweg zu entfernen oder in einen Installationskanal zu verlegen. Dieser kann mit den beschriebenen Materialien nachträglich hergestellt werden. Das ist ein erheblicher Vorteil der nachträglichen Verkleidung.

In diesen Kanälen dürfen mit Ausnahme von Luft führenden Rohren alle Arten von Leitungen und Leerrohren der Elektrotechnik geführt werden. Die entstehende Abwärme der belasteten Leitungen lässt sich mithilfe von speziellen Lüftungsbauteilen abführen. Dadurch kann ein Wärmestau und somit eine erhöhte Überlastung der Leitungen und damit eine Brandgefahr innerhalb der verkleideten Trasse verhindert werden. Die genannten Lüftungsbauteile verschließen sich bei einem Feuer selbsttätig. Dadurch wird der Raum, in dem die Trasse verläuft, nicht verraucht. Ein Eindringen von Feuer in die Abkleidung kann auch für einige Zeit verhindert werden. Das Wichtigste aber ist die Verhinderung der Brandübertragung in den Flucht- und Rettungsweg.

Die Verkleidungen lassen sich allseitig um eine abgehängte Kabelbühne bauen. Dabei kann die Abkleidung, eie im **Bild 5.6** gezeigt, auf Hängestielen liegen. Ein direkter Anschluss an die Decke und ein komplettes Einhausen der Trasse sind jedoch auch möglich und bieten sich vornehmlich zur Verkleidung bereits bestehender Trassen an, siehe **Bild 5.7.** In jedem Fall sind Revisionsöffnungen für eine spätere Nachinstallation erforderlich. Eine auf den Hängestielen liegende Verkleidung kann hingegen mit einem Dekkel zur Nachinstallation versehen werden. Um eine Erwärmung in den allseits geschlossenen Kanälen zu vermeiden, müssen Lüftungsklappen vorgesehen werden. Diese arbeiten entweder mit einem Bimetall oder elektromotorisch mit rauch- und temperaturgesteuertem Antrieb oder, wie **Bild 5.8** zeigt, mit einem aufschäumenden Material, um im Brandfall die Ausbreitung von Feuer und Rauch aus dem Kanal zu verhindern.

Damit die Umkleidung der Klassifikation I30 entspricht, ist beispielsweise eine 15 mm dicke Platte Promatect 200 einlagig erforderlich. Die Klassifikation I90 erhält man mit dem gleichen Produkt in einer Dicke von 30 mm in einlagiger Ausführung. Im Bereich der Stoßverbindung zweier Platten sorgen 100 mm breite Streifen für den entsprechenden Schutz.

Auch ein Verlegen der Leitungen ohne Kabelbühne direkt in der Abkleidung ist möglich. Die Zusatzbelastung der Abkleidung darf dabei 30 kg/m nicht überschreiten.

Bild 5.6 4-seitiger Installationskanal I30, auch als 2- oder 3-seitige Wand- bzw. Deckenkanäle Werkbild Promat GmbH

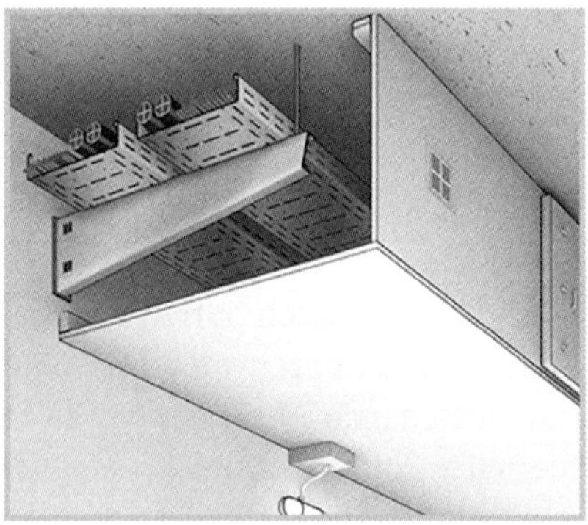

Bild 5.7 2-seitiger Installationskanal I 60 und I 90, auch als 3- oder 4-seitige Wand- bzw. Deckenkanäle Werkbild Promat GmbH

Bild 5.8 Lüftungsbaustein zur Be- und Entlüftung
Werkbild Promat GmbH

5.6 Halogenfreie Kabel und Leitungen

Im Gegensatz zu PVC-isolierten Kabeln und Leitungen setzen halogenfreie Kabel und Leitungen im Brandfall keine korrosiven Gase frei. Wenn PVC-Isolierungen abbrennen, wird zunächst Chlorwasserstoffgas frei, das sich mit der Luftfeuchtigkeit zu Salzsäure verbindet. Ab ca. 200 °C treten dann Weichmacher aus dem Kunststoff aus und sorgen für ein weiteres Aufheizen des Materials. Das führt dazu, dass die Leitungen beschleunigt abbrennen.

Im Gegensatz dazu verbrennen die halogenfreien Kunststoffe, wie Polyethylen (PE) oder Ethylen-Propylen-Kautschuk (EPR), unter Abgabe von Kohlenmonoxid (CO) und Kohlendioxid (CO_2). Diese Gase sind zwar auch giftig, aber nicht korrosiv. Da die vorgenannten Kunststoffe jedoch leicht brennbar sind, werden sie mit einem Füllstoff, z.B. Aluminiumtrihydrat ($Al(OH)_3$), versetzt. Das Brandfortleitungsverhalten wird durch die Entwicklung von Wasserdampf, der bei der Zersetzung des Aluminiumtrihydrats in Aluminiumoxid entsteht, positiv beeinflusst, weil durch den Wasserdampf der Brandstelle Wärmeenergie entzogen wird. Berücksichtigt werden muss jedoch, dass die Brandlast (Verbrennungswärme) von PE oder EPR höher ist als die von PVC. Das führt dazu, dass – obwohl die zulässige Brandlast in Flucht- und Rettungswegen gegenüber der Brandlast mit halogenhaltigen Leitungen doppelt so hoch ist – dieser Wert wegen der höheren Brandlast der halogenfreien Leitungen bei kleinen Querschnitten nicht voll ausgenutzt werden kann. Auch wenn halogenfreie Leitungen eine höhere Standzeit bei einer Beflammung haben, erfüllen sie noch nicht die Anforderungen an den Funktionserhalt von Kabel- und Leitungsanlagen. Dies kann nur mit *mineralisolierten Kabeln* erreicht werden. Während mit allen kunststoffisolierten Leitungen eine Brandlast eingebracht wird, ist dies bei mineralisolierten Kabeln nicht der Fall, weil sie keine Kunststoffisolierung haben. Die Einzeladern dieser Kabel sind in Magnesiumoxid eingebettet und mit einem Kupfermantel umhüllt. Damit enthält das Kabel kein brennbares Material und somit auch keine Brandlast. **Bild 5.9** zeigt einen Vergleich der Brandlasten.

Zur Herstellung von Kabeln und Leitungen werden die in **Tabelle 5.1** aufgelisteten Kunststoffe verwendet.

Die angegebenen Werte beziehen sich auf die *Basisstoffe*. Bei der Herstellung von Kabeln und Leitungen werden aber in der Regel Werkstoffmischungen verwendet. Dabei können die einzelnen Laborwerte, je nach Mischung, von den angegebenen Basisstoffwerten abweichen. Diese Abweichungen stellen jedoch die allgemeine Gültigkeit der Tabelle nicht infrage.

Die aufgeführten Werkstoffe zur Herstellung von Kabeln und Leitungen mit *besonderen Eigenschaften im Brandfall* sind – mit einer Ausnahme – spezielle Mischungen der thermoplastischen Elastomere. Durch die Mischung können der Sauerstoffindex erhöht und die Rauchgasdichte verringert werden. Die Verbesserung des Verhaltens im Brandfall geht jedoch mit einer Verringerung der mechanischen Festigkeit einher. Diese wirkt sich jedoch in der Praxis der Installationstechnik nicht aus.

Halogenfreie Niederspannungskabel, die als Alternativprodukte zu PVC-isolierten Kabeln und Leitungen eingesetzt werden, sind ebenfalls genormt. Eine Vergleichsliste zeigt **Tabelle 5.2.**

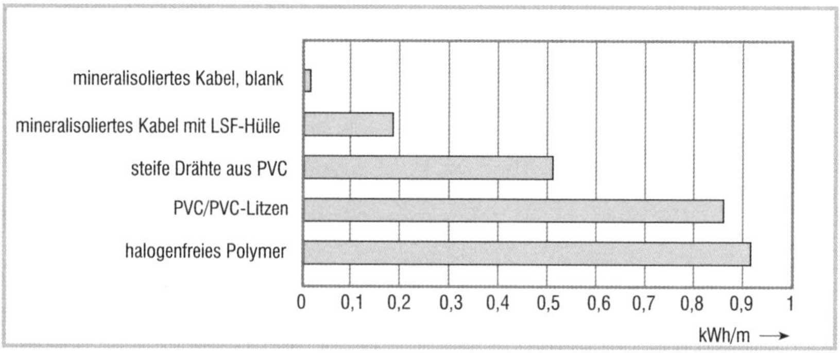

Bild 5.9 Vergleich der Brandlast verschiedener Kabel und Leitungen 4 x 1,5 mm²

Tabelle 5.1 Eigenschaften von Kunststoffen zu Isolierzwecken

Werkstoff		Eigenschaften				
Chemische Bezeichnung (Basiswerkstoff)	**Kurzzeichenflamm- chemisch**	**nach VDE**	**raucharm widrig**	**korrosive**	**giftige Gase**	**Gase**
Thermoplaste						
Polyethylen	PE	2Y	≤ 22	ja	nein	nein
Polyamid	PA	4Y	≤ 22	ja	nein	nein
Polypropylen	PP	9Y	≤ 22	ja	nein	nein
Thermoplastische Elastomere						
Polyamid	TPE-A	4Y	≤ 22	ja	nein	nein
Polyurethan	TPU	11Y	≤ 26	ja	nein	ja
Polyester	TPE-E	13Y	≤ 28	ja	nein	nein
Polyolefin	TPE-O	18Y	≤ 25	ja	nein	nein
Styrol-Ethenbuten	TPE-S	17Y	≤ 27	nein	nein	nein
Elastomere (vernetzte Werkstoffe)						
Naturkautschuk	NR	G	≤ 22	nein	nein	nein
Styrol-Butadien	SBR	G	≤ 22	nein	nein	nein
Ethylen-Propylen	EPR	3G	≤ 22	ja	nein	nein
Ethylen-Vinylacetat	EVA	4G	≤ 22	ja	nein	nein
Silikon	SIR	2G	≤ 30	ja	nein	nein
Polyethylen, vernetzt	PE	2X	≤ 22	ja	nein	nein
Werkstoffe für Kabel mit besonderen Eigenschaften im Brandfall						
Olefine	PE-Cop.	HI	≤ 40	ja	nein	nein
Olefine, vernetzt	PE-Cop.	2X	≤ 29	ja	nein	nein
Polyurethan	TPU	11Y	≤ 29	ja	nein	nein
Polyester	TPE-E	13Y	≤ 28	ja	nein	nein
Polypropylen	PP	9Y	≤ 28	ja	nein	nein
Ethylen-Vinylacetat	EVA	4G	≤ 34	ja	nein	nein
Etherimid	PEIC	21Y	≤ 45	ja	nein	nein
Silikon	SIR	2G	≤ 34	ja	nein	nein
Polyetheretherketon	PEEK	2Y	≤ 35	ja	nein	nein

Tabelle 5.2 Vergleichsliste von halogenfreien und PVC-isolierten Kabeln und Leitungen

Norm	Halogenfreier Typ	PVC-Typ	Verwendung
DIN VDE 0266	N2HX	NYY	Niederspannungskabel 0,6/1kV
DIN VDE 0266	N2XCH	NYCY	Niederspannungskabel 0,6/1kV
DIN VDE 0250-214	NHXMX	NYM	Starkstromleitung
DIN VDE 0266	J-H(St)H	J-Y(St)Y	Installationskabel
DIN VDE 0266	JE-H(St)H	JE-Y(St)Y	Installationskabel

Die Prüfung der halogenfreien Leitungen erfolgt nach DIN VDE 0472. Das Brennverhalten und die Brandfortleitung wurden nach Teil 804 geprüft (Dokument wurde zurückgezogen und durch DIN EN 60332-1-2:2017-09; VDE 0482-332-1-2:2017-06 ersetzt). Die Korrosivität der Brandgase nach Teil 813 und die Messung der Rauchdichte nach Teil 816. Nach Teil 814 wird das Kabel einem Flammtest unterworfen, bei dem der Isolationserhalt festgestellt wird. Die Kabel erhalten eine Kennzeichnung mit „FExx". Diese Prüfung gibt jedoch keine Auskunft über den Funktionserhalt im Brandfall. Der *Funktionserhalt* wird ausschließlich durch eine Prüfung nach DIN 4102-12 ermittelt. Diese Kabel mit Funktionserhalt tragen die Kennzeichnung „Exx", wobei „xx" die Standzeit in Minuten angibt. Der wesentliche Unterschied besteht darin, dass die Prüfung nach DIN 4102 die Prüfung der Tragesysteme einschließt. Auch ist die Brandraumtemperatur höher als bei der Prüfung nach DIN VDE 0472.

Für die Kennzeichnung von halogenfreien Niederspannungskabeln und -leitungen sowie Installations- und Brandmeldekabeln werden einige Beispiele genannt.

N2XH oder N2XCH

Niederspannungskabel 0,6/1 kV gemäß DIN VDE 0266, mit halogenfreier Aderisolierung und halogenfreiem Mantel

N entspricht DIN VDE 0266
2X halogenfreie Aderisolierung aus vernetztem Polyethylen
H halogenfreier Mantel aus Polyolefin
C mit konzentrischem PE-Außenleiter

NHXMH

Starkstromleitung 300/500 V gemäß DIN VDE 0250, mit halogenfreier Aderisolierung aus vernetztem Polyethylen, als Mantelleitung mit halogenfreiem Mantel aus Polyolefin.

J-H(St)H

Installations- und Brandmeldekabel 300 V nach DIN VDE 0815, mit halogenfreier Aderisolierung, statischem Schirm und halogenfreiem Mantel aus Polyolefin.

Darüber hinaus sind noch weitere, nicht genormte Typen im Handel, z. B.

(N)HXH FE180

Niederspannungskabel, in Anlehnung an DIN VDE 0266, mit halogenfreier Aderisolierung, halogenfreiem Mantel aus Polyolefin und einem Isolationserhalt von 180 min

(N) in Anlehnung an DIN VDE 0266
HX halogenfreie Aderisolierung aus einem vernetzten Polymer
H halogenfreier Mantel aus Polyolefin
FE180 Isolationserhalt 180 min

Als weiteres halogenfreies Material kann an dieser Stelle auch die mineralisolierte Leitung genannt werden. Sie bringt aufgrund ihres Aufbaus keine Brandlast mit.

NUM

Mineralisoliertes Kabel nach DIN EN 60702-1 (VDE 0284-1):2015 – Mineralisolierte Leitungen mit einer Nennspannung bis 750 V – Teil 1: Leitungen –, außen blank.

Zusätzlich stehen auch mineralisolierte Leitungen mit einem Mantel aus halogenfreiem Kunststoff (NUM) oder mit PVC-Mantel (NUMK) zur Verfügung. Ein Einsatz dieser Typen ist an dieser Stelle jedoch nur bedingt sinnvoll.

An dieser Stelle sei noch einmal darauf hingewiesen, dass am 01.07.2017 die Übergangsfrist für die Umsetzung der europaweit harmonisierten Norm EN 50575 endete. Seit diesem Zeitpunkt dürfen Kabel und Leitungen in der europäischen Union nur mit CE-Kennzeichnung und Leistungserklärung in Verkehr gebracht werden (siehe auch Abschnitt 3.3).

5.7 Halogenfreies Installationsmaterial und halogenfreie Verlegesysteme

In zunehmendem Maße wird von der Industrie halogenfreies Installationsmaterial angeboten, das in Verbindung mit halogenfreien Leitungen die Forderungen der „Richtlinie über brandschutztechnische Anforderungen an Leitungsanlagen“, zur Berechnung der zulässigen Brandlast in Flucht- und Rettungswegen den Grenzwert von 14 kWh/m^2 anzuheben, erfüllt. Die **Tabelle 5.3** zeigt einen Vergleich der Brandlast einiger wesentlicher Installationsgeräte, die aus herkömmlichen und halogenfreien Kunststoffen hergestellt sind.

Bei der Betrachtung von Brandlasten aus Werkstoffwerten muss immer berücksichtigt werden, dass durch die Verwendung von Zuschlagstoffen größere Abweichungen möglich sind. Der Tabelle 5.3 liegen die Gewichts- und Werkstoffangaben aus Firmenkatalogen zugrunde. Die Brandlasten wurden bevorzugt der **Tabelle 5.4** entnommen. Darin sind auch die Wertebreiten

Tabelle 5.3 Brandlast herkömmlicher und halogenfreier Installationsmaterialien

Gerät/Bauteil	Gewicht in kg/Stück	Brandlast in kWh/Stück
Verteilerkästen auf Putz		
Polypropylen, flammwidrig		11,9 kWh/kg
2,5 bis 4 mm^2	0,061	0,726
4 bis 6 mm^2	0,106	0,201
Duroplast		27,7 kWh/kg
2,5 bis 4 mm^2	0,109	3,019
4 bis 6 mm^2	0,135	3,740
Polyethylen		9,4 kWh/kg
2,5 bis 4 mm^2	0,057	0,536
4 bis 6 mm^2	0,091	0,855
Sammelhalter		
Polypropylen flammwidrig		11,9 kWh/kg
Kabelschlaufen für 8 Leitungen	0,0075	0,089
Kabelschlaufen für 15 Leitungen	0,0185	0,220
Kabelschlaufen für 30 Leitungen	0,04225	0,503
Polypropylen, halogenfrei		11,9 kWh/kg
Klammern für 8 Leitungen	0,0075	0,089
Klammern für 15 Leitungen	0,0185	0,220
Klammern für 30 Leitungen	0,04225	0,503
Installations-Kabelkanäle		
PVC		4,2 kWh/kg
300 mm x 60 mm	0,490 kg/m	2,03 kWh/m
400 mm x 60 mm	0,540 kg/m	2,24 kWh/m

Tabelle 5.4 Brandlast von Werkstoffen für Installationsmaterial

Werkstoff	Kurzzeichen	Brandlast in kWh/kg
Polyvinylchlorid, hart	Hart-PVC	4,2 … 6,1
Polyvinylchlorid, weich	Weich-PVC	4,2 … 6,1
Glasfaser-Polyester	GF - UP	0,9 … 5,0
Noryl		9,7
Polycarbonat	PC - ABS	2,8
Polyamid	PA	8,9
Polypropylen	PP	11,9 … 12,7
Polymethylmethacrylat	PMMA	6,9 … 8,0
Polyethylen, weich	LDPE	9,4 … 13,0
Polyethylen, hart	HDPE	9,4 … 13,0
Acrylnitril-Butadien-Styrol	ABS	10,0
Polystyrol	PS	10,2 … 11,7

zu erkennen. Zur überschlägigen Ermittlung von Brandlasten sind die Zwischenwerte der Tabelle geeignet. Bei einer genaueren Betrachtung sollten jedoch die von den Geräteherstellern zur Verfügung gestellten Stoffwerte herangezogen werden. Leider stellen nicht alle Hersteller von Installationsprodukten die erforderlichen Daten bereit.

5.8 Brandschutzbeschichtungen

In der Praxis werden neben den Anforderungen an die Brandverhinderung durch das Kabel auch Anforderungen an die Brandweiterleitung und die Folgebrandentstehung gestellt.

Eine bereits beschriebene Maßnahme zur Verhinderung der Brandausbreitung durch und über Kabel- und Leitungstrassen ist die *Verkleidung mit feuerfestem Material.* Dabei wird jedoch ein auf der Trasse entstehender Brand nicht eingedämmt. Diese Aufgabe können Brandschutzbeschichtungen übernehmen.

Auf dem Markt gibt es zwei Gruppen von *Brandschutzbeschichtungen:*

- dämmschichtbildende Brandschutzbeschichtungen und
- Ablationsbeschichtungen.

In seltenen Fällen werden auch *Brandschutzputze* in Mörtelform verwendet. Diese haben jedoch im Hochbau keine wesentliche Bedeutung erlangt, weil sie eine große Schichtdicke benötigen, woraus ein hohes Gewicht resultiert. Darüber hinaus führen diese Beschichtungen wegen der hohen Wärmedämmung zu einer Belastungsreduzierung der Kabel- und Leitungsanlage.

Dämmschichtbildende Brandschutzmassen sind dagegen schon in einer dünnen Schichtdicke wirksam. Die aufgetragene Schicht besteht im Wesentlichen aus einer wässrigen Kunststoffdispersion und hat eine begrenzte Flexibilität. Sie ist mit Wirkstoffen versetzt, die im Brandfall einen sehr feinporigen, homogenen Kohlenstoffschaum entwickeln, der nur sehr langsam verbrennt. Es wird so dafür gesorgt, dass die Brandrückstände und Brandgase in dieser schaumigen Umhüllung festgehalten werden. Diese Beschichtung wird auch als *intumeszierend* bezeichnet. Bereits Schichtdicken von 0,5 mm reichen aus. Der Auftrag auf die Kabel oder auf die Trasse erfolgt bei kleineren Flächen mit einem Pinsel, bei größeren Flächen und langen Kabeltrassen finden Spritzgeräte Verwendung. Beginnend bei einer Temperatur von ca. 240 °C schäumt das Material auf und schützt so die

Kabel. Ein entstehender Kabelbrand auf der Trasse wird nach ca. 10 cm zum Stehen gebracht. Durch das Aufschäumen werden auch die bei der Kunststoffzersetzung freiwerdenden Halone, Furane und Dioxine gebunden und nicht mit den Rauchgasen freigesetzt. Nachinstallationen sind ohne Probleme auf der Trasse möglich und mit dem gleichen Verfahren zu schützen.

Problematisch ist jedoch die Wasserbasis der Beschichtung. Diese verbietet den Einsatz im Freien und an Stellen, an denen mit Kondenswasser oder einer sonstigen Wasserbelastung zu rechnen ist. Der Materialverbrauch liegt, je nach Verarbeitungsmethode, bei 1,5 kg/m^2 bis 4,0 kg/m^2 Kabeloberfläche. Einen weiteren Einsatz finden die Brandschutzbeschichtungen bei der Erstellung von Plattenschotts. Dabei sorgt die Beschichtung dafür, dass die Temperatur auf der Kaltseite der Schotts niedrig bleibt.

Die *Ablationsbeschichtungen* haben – gegenüber den Dämmschichtbildnern – eine wesentlich höhere Beständigkeit gegen Chemikalien und Wasser und sind deshalb auch im Freien einsetzbar. Sie sind sowohl für die Beschichtung von Kabeln als auch für die von Plattenschotts geeignet. Die Beschichtungsmengen liegen jedoch mit 3,0 kg/m^2 bis 6,0 kg/m^2 für die Kabeloberflächenbeschichtung über denen der Dämmschichtbildner. Dabei ist allerdings die Festigkeit des Materials wesentlich höher, sodass ein Abplatzen seltener zu beobachten ist als bei den Dämmschichtbildnern.

Hinsichtlich der bauaufsichtlichen Überwachung der Baustoffe bestehen in Deutschland noch keine Qualifizierungskriterien für Brandschutzbeschichtungen, weder für die Reduzierung der Brandentstehung noch für die Verhinderung der Brandausbreitung. In einem Untersuchungsbericht des IBMB vom April 1996 wird allerdings einem Dämmschichtbildner bescheinigt, dass durch Beschichten einer Kabelbahn das Brandgeschehen für 30 min unterbunden wird. Auch ein Runderlass des Ministeriums für Wohnen und Bauen des Landes NRW vom August 1996 stellt die günstige Auswirkung auf das Brandverhalten von Kabeltrassen mit einer Dämmschutzbildnerbeschichtung fest. Diese Beschichtung kann deshalb als Ausgleichsmaßnahme zur Verbesserung des Brandschutzes angesehen werden.

Zusammenfassend ist zu der Beschichtung von Kabel- und Leitungstrassen festzustellen, dass diese Verfahren sicherlich eine Reduzierung der Brandlast für eine Zeit von einer halben Stunde erwarten lassen. Eine Verminderung der Brandausbreitungsgeschwindigkeit und zum Teil der Brandausbreitung auf der Trasse ist ebenfalls positiv zu vermerken. Dieses Verhalten lässt jedoch nicht den Rückschluss zu, dass damit auch eine Verlängerung der Standzeit der Kabel einhergeht, die eine Verlängerung des Funktionserhalts mit sich bringt. Der Funktionserhalt kann nur sicher mit den im Folgenden beschriebenen Maßnahmen erreicht werden.

5.9 Kabelbandagen

Das System BC-Brandschutz-Kabelvollbandage verhindert als wirkungsvolle Brandschutzumhüllung die Entstehung eines Brandes an horizontal und vertikal verlegten elektrischen Kabeln, Kabelbündeln und Kabeltrassen (**Bild 5.10**). Im Brandfall bildet die Kabelvollbandage eine mikroporöse, wärmedämmende, zweiseitige Schaumschicht, die auch im Innern der Kabelvollbandage eine Brandausbreitung verhindert. Sie ist daher in schwierigen Fällen, z.B. bei beengten Platzverhältnissen, oft die einzige geeignete Brandschutzmaßnahme.

Die Bauartzulassung des Systems BC-Brandschutz-Kabelvollbandage ermöglicht einen neuen Anwendungsbereich mit einer Schutzzeit von min-

Bild 5.10 Kabeltrasse mit Kabelbandagen gegen die Ausbreitung von Feuer und Rauch durch eine Kabeltrasse
Werkbild Flamro Brandschutz-Systeme GmbH

destens 90 min zwischen raumabschließenden Bauteilen. Unter Berücksichtigung der Baustoffklasse – das Material ist schwerentflammbar – ist die Zulässigkeit zur Anwendung in Flucht- und Rettungswegen im Zusammenhang mit dem Brandschutzkonzept von der Bauaufsichtsbehörde zu entscheiden.

Die Kabelbandagen können nachträglich aufgebracht werden. Eine Montage in Feuchträumen oder in Bereichen mit hoher Luftfeuchte ist nicht gestattet. Ebenso ist der Einsatz in Bereichen mit hoher Nässe, in denen das Schwitzwasser nicht abtrocknen kann, sowie in Bereichen, die der direkten Witterung, wie Schlagregen, Frost-Tau-Wechsel und UV-Strahlung, ausgesetzt sind, nicht erlaubt. Einer Verwendung in trockenen Räumen steht aber nichts im Wege.

5.10 Stromkreisverteiler in Flucht- und Rettungswegen

Brandlasten von Stromkreisverteilern und von Messeinrichtungen sind in Flucht- und Rettungswegen nach MLAR 2020 nicht erlaubt. Aus diesem Grund sind die Stromkreisverteiler wie auch Zählerverteiler von den Flucht- und Rettungswegen abzutrennen. Die Abtrennung muss feuerhemmend sein und aus nichtbrennbaren Baustoffen bestehen. Die Türen, mit denen die Verteilungen verschlossen werden, müssen debenfalls mindestens feuerhemmend sein und aus nichtbrennbaren Baustoffen bestehen. Diese Konstruktion lässt sich ohne Probleme mit örtlichen Baumaßnahmen erreichen.

Ein Lösungsvorschlag hierzu könnte wie im **Bild 5.11** dargestellt aussehen: Zum Flucht- und Rettungsweg hin verschließt eine T30-Tür einen kleinen Raum, in dem der Stromkreisverteiler untergebracht ist.

Für diesen Verwendungsbereich lassen sich jedoch auch industriell hergestellte Produkte verwenden. Ein Beispiel hierzu zeigt **Bild 5.12.**

Ein Stromkreisverteiler in notwendigen Fluren wird nur mit nicht brennbaren Baustoffen und einer geschlossenen Oberfläche abgetrennt. Auch die Türen und Klappen müssen aus nicht brennbaren Baustoffen mit geschlossener Oberfläche bestehen. Anwendung können hier Stahlblechverteilungen finden, die mit einer Stahlblechtür zu verschließen sind.

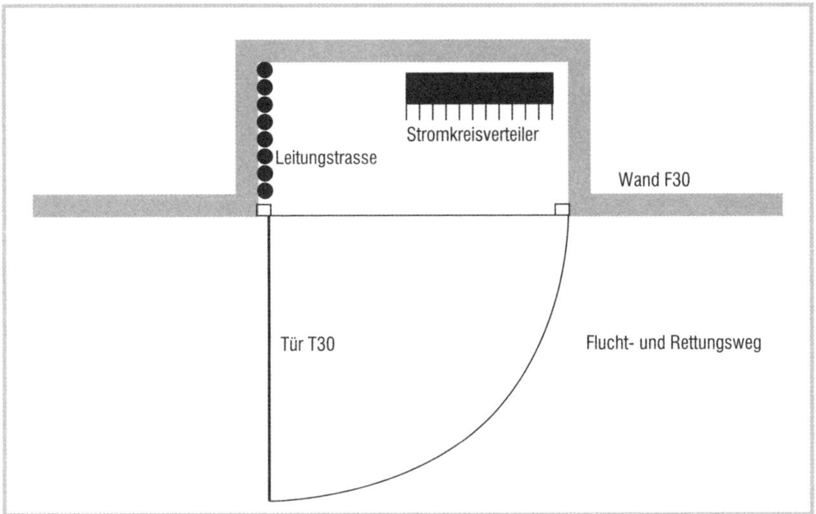

Bild 5.11 Abgeteilter Stromkreisverteiler

Bild 5.12 Stromkreisverteiler-Einhausung
Werkbild Swixss Brandschutzsysteme GmbH

6 Funktionserhalt von Kabel- und Leitungsanlagen

6.1 Allgemeine Anforderungen

Die Bauordnungen stellen an elektrische Versorgungsleitungen von Sicherheitseinrichtungen Anforderungen. Danach muss die Funktion der Leitungsanlagen auch in einem Brandfall über einen bestimmten Zeitraum gewährleistet sein. Dies kann geschehen, indem Leitungen nach DIN 4102-12 in einer *Funktionserhaltsklasse* (E30 oder E90) entsprechend den Zulassungsbestimmungen der Produkte verwendet werden. Darüber hinaus ist ein Funktionserhalt gewährleistet, wenn die Leitungen auf der Rohdecke unter einem mindestens 30 mm dicken Fußbodenestrich verlegt sind. Dabei möge jedoch beachtet werden, dass die Leitungen, wenn sie diesen Bereich verlassen, geschützt werden müssen.

Ziel einer sicheren Versorgung muss es sein, dass nicht nur die Stromversorgung nach Ausfall des Versorgungsnetzes zur Verfügung steht. Es muss auch gewährleistet werden, dass die Energie über das Kabel- und Leitungsnetz an den Verbraucher gebracht wird. Das setzt voraus, dass das Kabel- und Leitungsnetz einem Brand standhalten kann, ohne seine Funktion durch Kurzschluss, Unterbrechung oder Isolationsverlust aufzugeben. Das bedingt, dass nicht nur das Kabel der Brandbelastung standhält, sondern auch das Verlegesystem. Dazu wird das Kabel in Verbindung mit dem Verlegesystem geprüft und zugelassen. Die Bedingungen für die Prüfung sind in DIN 4102-12 beschrieben. Das allgemeine bauaufsichtliche Prüfzeugnis wird danach für ein gesamtes System ausgestellt. Der Installateur muss die daraus resultierenden Verlegevorschriften kennen und einhalten. Dies bestätigt er durch eine Übereinstimmungserklärung und die Kennzeichnung der Kabelanlage mit einem Schild wie im **Bild 6.1** dargestellt. Es enthält neben der Angabe der Funktionserhaltsklasse (E30 bis E90)

- den Namen des Errichters der Anlage,
- das Herstellungsjahr,
- den Eigentümer des Prüfzeugnisses (Hersteller der Kabel und der Verlegesysteme) und
- die Prüfzeichennummer.

Damit ist bei einer Prüfung die korrekte Installation der Anlage nachvollziehbar.

Hersteller des Kabels:

....

Kabelanlage nach DIN 4102 Teil 12

Funktionserhaltklasse E __

Errichtet durch das Installateurunternehmen:

....

Herstellungsjahr:

....

Eigentümer des Prüfzeugnisses:

....

Prüfzeichennummer:

....

Bild 6.1 Inhalt eines Kennzeichnungsschilds einer Kabelanlage

6.2 Funktionserhalt durch besondere Verlegung

Häufig wird vor Ort damit argumentiert, dass Leitungen, die im Putz oder sogar im Beton von Decken und Wänden verlegt sind, hinreichend vor Brandeinwirkung geschützt seien. Dazu muss jedoch gesagt werden, dass das Verlegen von Leitungen unter Putz oder im Beton keine bauaufsichtliche Zulassung hat und auf den Ausnahmefall begrenzt ist, der sich durch die Verlegung unter einer Estrichschicht nach MLAR bezieht. Eine Zulassung muss für die übrigen Leitungsanlagen mit Funktionserhalt gefordert werden, um einen wirklichen Funktionserhalt zu gewährleisten. Eine Einzelprüfung nach den Anforderungen in DIN 4102-12 schließt sich im bereits vorhandenen Gebäude aus, weil sie zur Zerstörung der Leitungsanlage und von Gebäudeteilen führen würde. **Bild 6.2** zeigt eine Leitungsanlage nach einem Brandversuch. Mit einem Leitungssystem ohne Prüfung können die eingangs genannten Anforderungen nicht sicher erfüllt werden. Geprüft und zugelassen sind die folgenden Verfahren und Systeme.

Bild 6.2 Standardverlegetechnik mit Glimmer- bzw. MICA-Kabel
Werkbild Dätwyler Cables

6.3 Funktionserhalt durch Verkleidung

Der Funktionserhalt durch Verkleidung ist nach Ansicht vieler Fachleute der sicherste Weg des Funktionserhalts. Allerdings benötigen die durch eine Verkleidung geschützten Systeme, im Gegensatz zu den einzeln verlegten Kabeln mit integriertem Funktionserhalt, einen größeren Verlegeraum. Auch die Verlegung in verwinkelten Trassen gestaltet sich oft wesentlich problematischer. Dem Verlegesystem ist jedoch zugutezuhalten, dass es auch in Flucht- und Rettungswegen ohne Probleme eingesetzt werden kann, weil durch die Umkleidung Brandlasten vom Rettungsweg ferngehalten werden. Dies geschieht bei der Verwendung von kunststoffisolierten Kabeln und Leitungen nicht. Eine Ausnahme bildet lediglich das mineralisolierte Kabel, das auch ohne Verkleidung keine Brandlast in den Raum einbringt.

6.3.1 Fertige Kabelkanäle

Die für den Installateur einfachste Möglichkeit, Leitungstrassen mit Funktionserhalt auszuführen, ist die Verlegung der Leitungen in einem fabrikfertigen Kabelkanal nach **Bild 6.3.** Hier hat er alle erforderlichen Formstücke

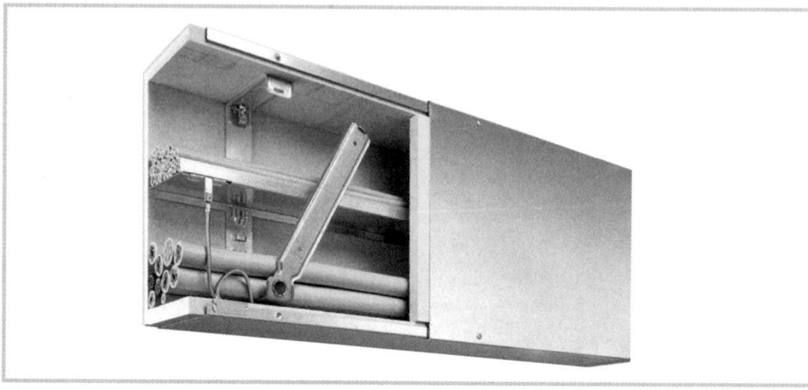

Bild 6.3 Fabrikfertiger Kabelkanal
Werkbild Hager Vertriebsgesellschaft mbH und Co. KG

und Installationshilfsmittel aus der Hand des Systemherstellers zusammen. Die **Bilder 6.4** bis **6.6** zeigen Beispiele von Formstücken, wie sie in der Praxis die Installation vereinfachen können. Mit diesen Bauteilen ist nicht nur eine funktionssichere Verbindung der Kanalstücke möglich, sondern darüber hinaus auch eine handwerklich ordentliche Leistung mit geringem Aufwand erbringbar.

Diese Systeme haben abnehmbare Deckel, so dass eine problemlose Nachinstallation möglich ist. Handelsüblich sind Kanäle mit einer Funktionserhaltsklasse von E30 bis E90. Zu beachten ist, dass auch die Befestigungsmittel über eine der Brandbeanspruchung entsprechende Bauartzulassung verfügen, damit der Kabelkanal im Brandfall nicht komplett von der Wand oder Decke fällt. Eine Beschädigung der Leitungen und der Ausfall der Versorgung wäre sonst die Folge. Die Einführung von Kabeln in den Kanal stellt in Verbindung mit Sonderbauteilen eine funktionssichere Möglichkeit dar. Die Ableitung der Verlustleistung aus den Kabeln kann durch Lüftungsbauteile erfolgen. Diese schließen bei anstehendem Brand selbsttätig, um so das Kabel von einem Umgebungsbrand oder die Umgebung vor einem Kabelbrand zu schützen.

Bei der Verwendung von fabrikfertigen Kanälen, wie auch bei örtlich hergestellten Verkleidungen, ist zu beachten, dass es eine Sicherheit nur für eine einzeln umkleidete Leitung geben kann. Befinden sich mehrere Leitungen innerhalb eines Kanals, so beschädigt eine abbrennende Leitung auch die anderen in der gleichen Umhüllung verlegten Leitungen. Eine Risikoabwägung über die Wahrscheinlichkeit, dass ein einzelnes Kabel abbrennt, ist hier in jedem Fall vonnöten.

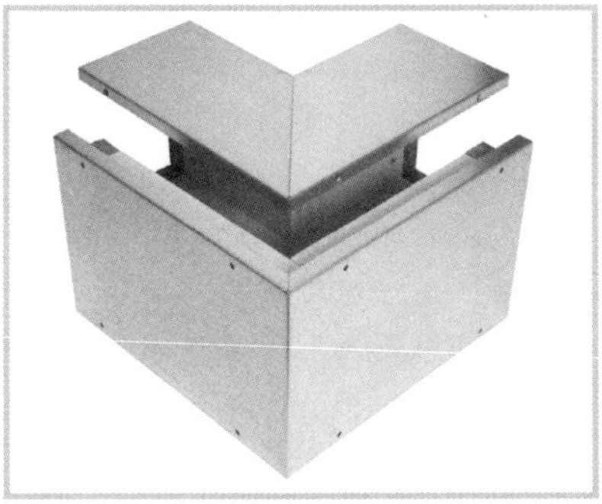

Bild 6.4 Formstück für eine Außenecke Werkbild Hager Vertriebsgesellschaft mbH und Co. KG

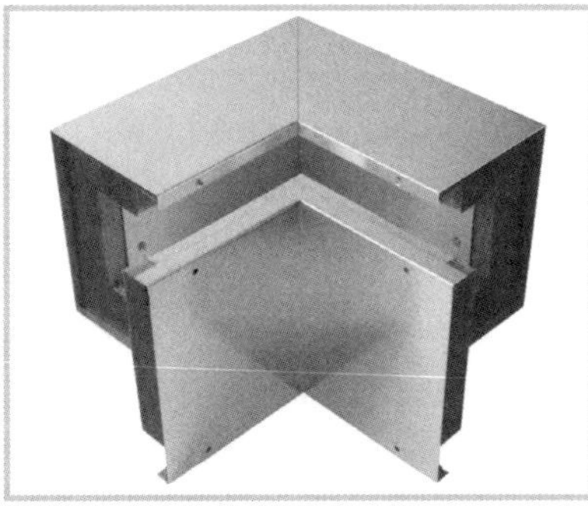

Bild 6.5 Formstück für ein Inneneck Werkbild Hager Vertriebsgesellschaft mbH und Co. KG

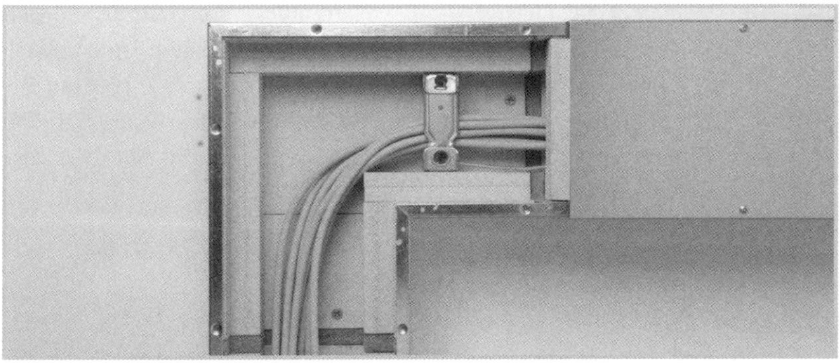

Bild 6.6 Formstück für einen vertikalen Winkel
Werkbild Hager Vertriebsgesellschaft mbH und Co. KG

6.3.2 Nachträgliche Verkleidung von Trassen

Die nachträgliche Verkleidung von Trassen wird noch oft genutzt, um komplette Leitungstrassen, die auf Kabelbühnen oder auf Profilschienen mit Wand- oder Deckenmontage ausgeführt sind, so zu verkleiden, dass ein Funktionserhalt der Trasse gewährleistet ist. Beachtung sollte auch hier der Tatsache geschenkt werden, dass – bei gemeinsamer Verlegung mehrerer Kabel in einer Verkleidung – ein Brand im Innern alle übrigen Kabel in Mitleidenschaft ziehen würde. Wesentlich ist aber, dass die Leitungstrasse insgesamt der Brandbelastung standhält. Dies kann nur gewährleistet werden, wenn die Befestigungsmittel und die Tragkonstruktionen entsprechend ausgelegt sind. Zur zusätzlichen Verstärkung dienen Gewindestangen. Natürlich haben auch die Befestigungsmittel eine bauaufsichtliche Zulassung. Um den Problemen der Funktionsfähigkeit der Kabelbühne mit dem Tragsystem aus dem Wege zu gehen, ist eine zwei- oder dreiseitige Verkleidung der gesamten Trasse zu empfehlen. Damit wird auch die gesamte Trassenbefestigung durch die Umhüllung geschützt. Auch in diesem Fall sind zugelassene Befestigungsmittel für die Abhängungen zu verwenden. Auf das Problem einer Brandbelastung im Innern der Verkleidung durch ein abbrennendes Kabel wurde bereits hingewiesen. Diese Gefahr kann durch die Abführung der thermischen Leitungsverluste verringert werden.

Die Abmessungen der Verkleidung ergeben sich hauptsächlich aus der Trassengröße. Die Plattenmaße dürfen dabei jedoch nicht unberücksichtigt bleiben. Zusätzlich ist ein Arbeitsraum erforderlich, der die Montage der Platten gestattet. Bei einer Trasse der Klassifikation E30 ist bei Verwendung der Platte Promatect beispielsweise eine Plattendicke von 18 mm erforderlich. Eine E90-Trasse ist mit mindestens 45 mm zu verkleiden. Die Stoßstellen sind mit einer Platte zu verkleiden, deren Streifenbreite 100 mm beträgt. Wand- und Deckenanschlüsse werden entweder mit Plattenstreifen oder mit L-Profilen erstellt und mit den Platten verschraubt. **Bild 6.7** zeigt eine allseitige Verkleidung.

Bild 6.7 Kanal für den Funktionserhalt elektrischer Leitungen, E30 bis E90
Werkbild Promat GmbH

6.3.3 Ableitung der thermischen Leitungsverluste

Da die Verkleidungen ebenso wie die fabrikfertigen Kabelkanäle die Leitungstrasse komplett umschließen und von der Umgebungsluft abschließen, findet der sonst übliche Luftaustausch mit der Umgebung nicht statt. Innerhalb der verkleideten Leitungstrasse entsteht ein Wärmestau. Dieser führt zu einem unzulässigen Anstieg der Umgebungstemperatur, bis zum Kabelbrand. Deshalb ist die geschlossene Leitungstrasse mit Systembausteinen zu belüften. Diese Bausteine können eine mechanische Verschlusseinrichtung haben, die im Brandfall durch einen Rauchmelder aktiviert wird. **Bild 6.8** zeigt einen einfachen Lüftungsbaustein. Dieser ist aus einem zugelassenen Material hergestellt, das bei Brandeinwirkung einen wärmedämmenden Schaum bildet und so die Lüftungsöffnung verschließt. Nach Auslösung ist der Lüftungsbaustein auszutauschen. Auch hier ist zu beachten, dass es sich bei den verwendeten Komponenten um ein gesamtes System handeln muss, dessen Zulassung für die Kombination der einzelnen Produkte gilt.

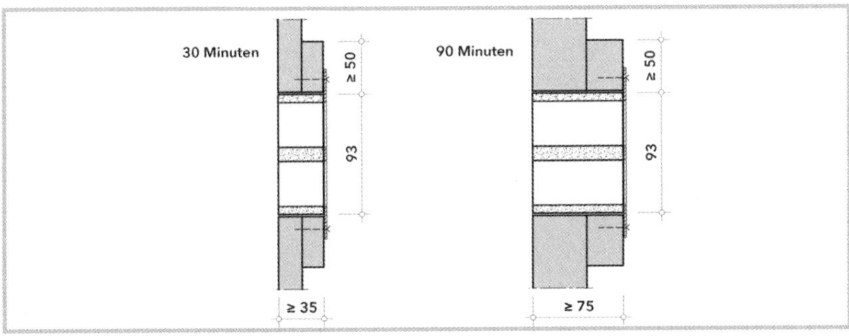

Bild 6.8 Überströmöffnung als Formteil aus intumeszierendem Brandschutzmaterial
Quelle Promat GmbH

6.3.4 Einführen von Leitungen in die Verkleidungen

Die zur Einführung von Leitungen erforderlichen Öffnungen schwächen die gesamte Verkleidung im Bereich der Einführungsstelle. Deshalb ist die Einführungsstelle aufzudoppeln. **Bild 6.9** zeigt eine derartige Konstruktion im Schnitt. Der verbleibende Restquerschnitt der Öffnung muss mit einem zugelassenen System (Brandschutzkitt oder Brandschutzsilikon) verschlossen werden, um den Brandeintritt an der Einführungsstelle zu verhindern.

Zur nachträglichen Installation von Leitungen auf der verkleideten Trasse können *Revisionsöffnungen* errichtet werden, die, neben dem Verschluss der Öffnung, ebenfalls eine Überlappung mit dem Verkleidungsmaterial gewährleisten. Diese Revisionsöffnungen sind fest zu verschrauben. Natürlich ist der Installateur, der eine Nachinstallation in einer der vorgenannten Trassen vornimmt, auch dafür verantwortlich, dass die Trasse in einen der Zulassung entsprechenden funktionsfähigen Zustand versetzt wird. Die Anordnung eines Revisionsdeckels in einem Kanal zeigt **Bild 6.10.**

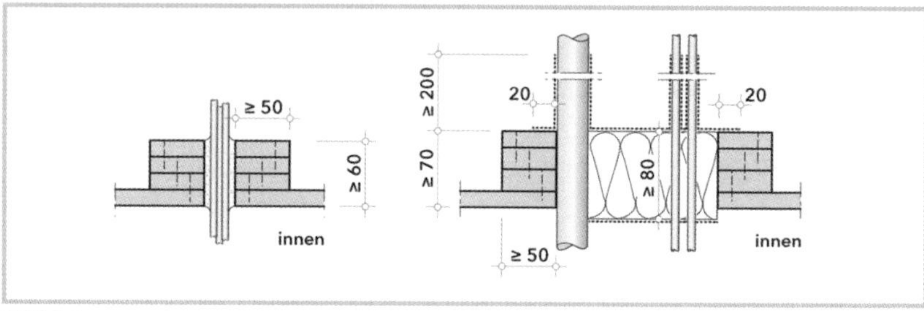

Bild 6.9 Leitungseinführung
Quelle Promat GmbH

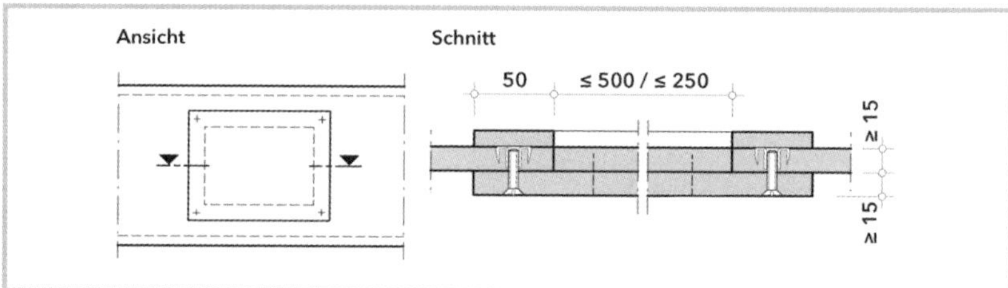

Bild 6.10 Revisionsdeckel
Quelle Promat GmbH

6.4 Funktionserhalt durch Kabel besonderer Bauart

Im Fall einer Brandbeanspruchung eines Kabels oder einer Leitung, nach herkömmlicher Bauart mit einer PVC-Isolierung, werden die Leiter nach Abbrennen der Isolierung aneinandergeraten und einen Kurzschluss verursachen. Zu einem späteren Zeitpunkt ist aufgrund des Erreichens der Schmelztemperatur mit einer Leiterunterbrechung zu rechnen. Diese Fälle sind durch Verwendung von Kabeln besonderer Bauart vermeidbar. Die einfachste Lösung besteht darin, diese Kabel mit einer Isolierung auszustatten, die die Brandtemperatur längerfristig unbeschadet übersteht. **Bild 6.11** zeigt eine derartige Kabelanlage.

Bild 6.11 Kabelanlage mit Funktionserhalt vor einem Brand
Werkbild Dätwyler Cables

6.4.1 Mineralisolierte Leitungen

Mineralische Isolierstoffe sind aus der Herstellung von Heizwendeln bekannt. Der Unterschied zwischen einem Heizkabel und einer mineralisolierten Leitung zum Energietransport besteht lediglich im Leitermaterial und im Aufbau einer Mehraderleitung.

Die Einzeladern der Leitung sind in hoch verdichtetes Magnesiumoxid eingebettet, das von einem Mantel aus Kupfer umschlossen wird **(Bild 6.12)**. Magnesiumoxid hat einen Schmelzpunkt von ca. 2.800 °C, der Schmelzpunkt des Kupfers liegt bei 1.083 °C. Damit weist dieses System alle Voraussetzungen auf, um die Prüfung der Isolationsfestigkeit bei einer Testtemperatur von 1.000 °C unbeschadet zu überstehen. Die Abgabe von toxischen Gasen oder anderen Zersetzungsprodukten ist bei dieser Leitungskonstruktion ausgeschlossen. Darüber hinaus liefert die mineralisolierte Leitung keine Brandlast. Ein weiterer wichtiger Punkt in der Praxis ist die mechanische Stabilität der Leitung im Brandfall. Diese wird nach DIN 4102 nicht geprüft. Hier zeigen jedoch Tests, dass auch eine mechanische Belastung der mineralisolierten Leitung durch Traktieren mit einem Hammer zu keinem Ausfall führt. Bei kunststoffisolierten Kabeln wurde dies nicht getestet. Das Bild eines abgebrannten kunststoffisolierten Kabels zeigt jedoch, dass es bei geringster Berührung bereits zur Zerstörung der verbleibenden Ascheschicht kommt.

Die Verarbeitung stellt im Hinblick auf die Verlegung keine besonderen Ansprüche. Die Befestigung erfolgt mit Schellen, die zusammen mit der Leitung bauaufsichtlich zugelassen werden. Einen größeren Aufwand als bei den kunststoffisolierten Kabeln erfordern jedoch die *Endverschlüsse,* die den Übergang von der mineralisolierten Leitung auf die Einzeladern vermitteln **(Bild 6.13)**. Diese müssen aufgrund der hygroskopischen Eigenschaften des Isoliermaterials wasserdicht ausgeführt werden. Ferner sind Übergänge von der Ader der mineralisolierten Leitung zu der Anschlussader zu schaf-

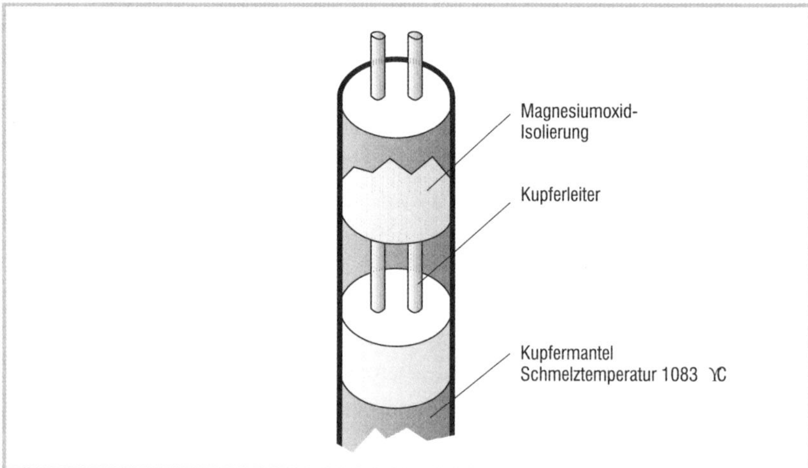

Bild 6.12 Aufbau einer mineralisolierten Leitung
Quelle Fa. BICC Pyrotenax

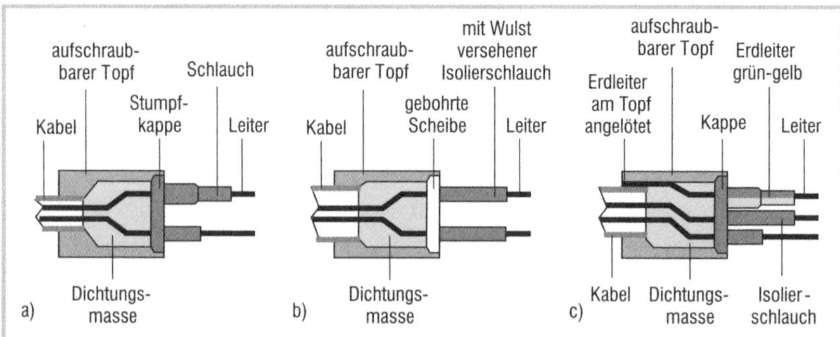

Bild 6.13 Endverschlüsse mineralisolierter Leitungen
a) Endabdichtung mit Stumpfkappe;
b) Endabdichtung mit Scheibentopfverschluss;
c) Endabdichtung mit Erdleiter und Stumpfkappe
Quelle Fa. BICC Pyrotenax

fen. Hierfür stehen Abschlusssysteme der Hersteller zur Verfügung. Die Ablängung des Kabels und die Montage der Endabschlüsse sind vor Ort mit speziellen Montagehilfen möglich, die von den Herstellern angeboten werden.

Gegenüber den noch zu behandelnden kunststoffisolierten Leitungen mit Funktionserhalt bringen die mineralisolierten Leitungen keine Brandlast in das Gebäude. Demzufolge werden auch keine Brandgase freigesetzt, die eine Gefährdung verursachen können.

Die Leitungen sind nach DIN EN 60207-3 VDE 0248-3:2017-05 und nach DIN 4102-12 geprüft und stehen in den Ausführungen nach **Tabelle 6.1** zur Verfügung.

Für den Einsatz im MSR- und Datenbereich stehen neben den Energiekabeln auch Fernmeldekabel in mineralisolierter Ausführung zur Verfügung. Diese sind aus verdrillten Kupferleitern in zwei-, drei- und vieradriger Ausführung mit Querschnitten von 1 mm^2 bis 4 mm^2 erhältlich. Die Umhüllung mit einem halogenfreien und rauchgasarmen Mantel ist möglich.

Tabelle 6.1 Mineralisolierte Leitungen nach DIN 4102-12

Leitungstyp	Nennspannung	Bemerkung
NU	300/500 V	mit blanker Umhüllung
NUM	300/500 V	mit einem zusätzlichen Mantel aus halogenfreiem und raucharmen Kunststoff
NU	450/750 V	mit blanker Umhüllung
NUM	450/750 V	mit einem zusätzlichen Mantel aus halogenfreiem und raucharmen Kunststoff

6.4.2 Leitungen des Typs NHXH E90 oder NHXCH E90

Allein die Verwendung von besonderen Mantelwerkstoffen macht ein kunststoffisoliertes Kabel in Bezug auf den Funktionserhalt noch nicht funktionsfähig. Da der Kunststoffmantel und danach die Kunststoffisolierung nach kurzer Zeit abbrennen, ist auch die Funktionsfähigkeit infrage gestellt. Abhilfe können hier nur *Flammschutzbarrieren* bringen, die folgende Aufgaben übernehmen:

- Fernhalten der Zündflammen von dem brennbaren Isoliermaterial,
- Zurückhalten der Ascherückstände auf der Isolierung,
- Trennung der Kupferleiter untereinander nach dem Abbrennen der Isolierung.

Als Flammschutzbarrieren werden hauptsächlich *Glas-Glimmer-Bänder* verwendet. Sie können angeordnet werden

- zwischen dem Innen- und Außenmantel,
- über den verseilten Adern,
- über der Isolierung jeder einzelnen Ader,
- über dem Leiter jeder einzelnen Ader.

Auch Kombinationen hiervon sind möglich. Zu beachten ist, dass jede dieser Flammschutzbarrieren die Flexibilität des Kabels verringert. Diese Tatsache ist bei fest verlegten Kabeln und Leitungen während der Verlegung von Bedeutung und bildet einen zusätzlichen Aufwand bei der Installation. Für den Einsatz als flexible Anschlussleitung kann die Funktion deshalb wesentlich eingeschränkt sein. Den Aufbau einer derartigen Leitung zeigt beispielhaft **Bild 6.14.**

Je weiter die Flammschutzbarriere nach außen am Kabel angeordnet ist, desto früher tritt die Schutzfunktion gegen eine Zündflamme von außen ein. Die Schutzwirkung ist bei dieser Anordnung jedoch recht gering. Nach einer Temperaturerhöhung durch die Zündflamme beginnt im Innern die Zersetzung des Kunststoffs. Da die Zersetzungsprodukte in der Regel mechanisch nicht stabil sind, kann es unter der Flammschutzbarriere schnell zu Kurzschlüssen kommen. Der Isolationserhalt ist also nur kurze Zeit gewährleistet. Abhilfe schafft hier nur die Verwendung von zusätzlichen Flammschutzbarrieren über den einzelnen Adern. Diese halten die Rückstände der Basisisolierung auf der Einzelader fest und verhindern wegen der längeren Standzeit auch ein Zusammenliegen der blanken Einzeladern, wenn der zersetzte Kunststoff diese Funktion nicht mehr übernehmen kann. Im Hinblick auf den Isolationserhalt ist eine Umwicklung der Einzeladern mit Glas-Glimmer-Bändern die wirkungsvollste Schutzmaßnahme. Diese aufwendige Bauart wird eingesetzt, wenn es auf eine lange Standzeit ankommt.

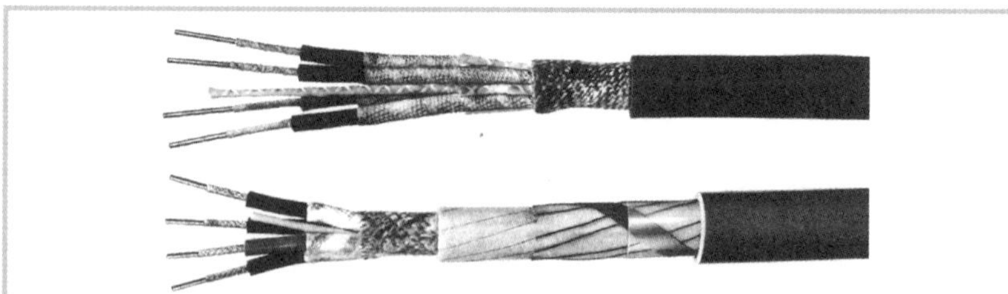

Bild 6.14 Aufbau eines Kabels des Typs NHXH Exx
Werkbild Dätwyler Cables

Der mechanische Schutz eines Kabels durch *Schirme* und *Bewehrungen* wirkt sich ebenfalls positiv auf das Verhalten im Brandfall aus. Zum einen ergibt sich eine bessere Verteilung der Wärme von der punktuellen Zündflamme, zum anderen wirken diese Elemente auch als Flammschutzbarriere. Je größer der Anteil von metallischen Werkstoffen ist, desto größer ist die Wärmeaufnahmekapazität und eine geringere Erwärmung des Kabels ist die Folge. Dieser Effekt fällt besonders bei Energiekabeln mit großem Leiterquerschnitt auf. Diese weisen einen größeren „Kühleffekt" auf als dünne, nachrichtentechnische Leitungen.

Geschlossene, konzentrische Mäntel haben jedoch auch einige Nachteile. Durch die Ummantelung kann zwar die Wärme in den Aufbau eindringen; die bei der Erwärmung von Kunststoffen entstehenden brennbaren Gase können jedoch nur bedingt aus der festen und dichten Umhüllung austreten. Darüber hinaus kann der Zustrom von Sauerstoff verhindert werden. Die Gefahr, dass sich die heißen, brennbaren Gase unter dem Mantel sammeln und dann plötzlich explosionsartig ausströmen, ist dann sehr groß.

Heute werden anstelle der Glimmerbandierung häufig sogenannte Keramisolierungen verwendet. In Verbindung mit präzisen Fertigungsmethoden kann damit auf entsprechende Bandagen verzichtet werden.

Man unterscheidet die üblichen Kabelbauarten nach VDE, z. B.

- PVC-isolierte Kabel: NYY-J / NYCWY,
- halogenfreie isolierte Kabel: N2XH-J / N2XCH,
- Kabel mit Funktionserhalt: NHXH-J / NHXCH.

Zur Kennzeichnung der Kabel mit Funktionserhalt wird die Funktionserhaltdauer mit dem Kennbuchstraben E angehängt, z. B. NHXH-J E30.

Das Kabel NHXH-J hat einen separaten grün-gelben PE-Leiter, der bis 16 mm^2 den gleichen Querschnitt aufweist wie die Außenleiter. Bei dem Kabel NHXCH 4 x 25/16 mm^2 steht der Buchstabe C für konzentrische Leiter bzw. für Schirme aus Kupferdrähten oder -bändern. CW steht für konzentrische Leiter aus Kupfer, die wellenförmig aufgebracht sind. Die Zahl hinter dem Schrägstrich gibt den Querschnitt des konzentrischen Leiters an.

Wie beschrieben, ist die mechanische Festigkeit dieser Kabeltypen während und nach einem Brand nicht gewährleistet. Deshalb ist auf die korrekte Verlegung besonderer Wert zu legen. Im Brandfall dürfen diese Kabel keiner unnötigen Erschütterung ausgesetzt werden. Da die Prüfung gemäß DIN 4102-12 nur für den Fall der horizontalen Verlegung vorgenommen wird, muss auf die Eignung für die vertikale Verlegung aus der Zulassung für die horizontale geschlossen werden. Den Übergängen in die Senkrechte ist dabei besondere Aufmerksamkeit zu widmen. Sie müssen zug- und druckfrei ausgeführt werden.

Kabel des Typs NHXH Exx werden mit einem Funktionserhalt von 30 min bis zu 90 min geliefert. Da diese Kabel halogenfrei sind, dürfen sie nach MLAR 2005 in besonderen Räumen offen verlegt werden.

Wie bei den mineralisolierten Kabeln wird die bauaufsichtliche Prüfung zusammen mit den Verlegesystemen vorgenommen.

6.5 Verlegesysteme für Leitungen mit Funktionserhalt

Wie schon erwähnt, müssen die Verlegesysteme in Verbindung mit den Leitungen geprüft und zugelassen sein. Nach DIN 4102-4 muss der Mindestquerschnitt für eine Feuerwiderstandsdauer bis 60 min 9 N/mm^2 Kernquerschnitt betragen und für 90 min Feuerwiderstandsdauer 6 N/mm^2. Die maximale Zugbelastung darf 500 N nicht übersteigen.

Die Verlegesysteme gliedern sich in Kabeltragsysteme in schwerer Ausführung, z. B. mit Kabelleitern, und in leichte Kabeltragsysteme mit Kabelrinnen. Aber auch Sammelhalter werden bei der Verlegung von Leitungen mit Funktionserhalt eingesetzt. Darüber hinaus finden Einzelverlegesysteme mit Profilschienen, in Verbindung mit Wannen aus verzinktem Stahlblech, Verwendung. Für die Einzelverlegung stehen Kabelabstandsschellen aus Stahl zur Verfügung.

6.5.1 Verlegung unter Putz

Wenn das allgemeine bauaufsichtliche Prüfzeugnis es zulässt, dürfen Leitungen mit Funktionserhalt auch unter Putz verlegt werden. Unter einer 15-mm-Putzschicht besteht eine Leitung die E30-Prüfung erfolgreich. Das ist ein ganz erheblicher Vorteil für Leitungen, deren Funktion über 30 min, beispielsweise in einem Treppenhaus für die RWA-Anlagen oder die Brandmeldeanlage, gewährleistet sein muss. Jetzt gilt es nur noch, den Putzer zu motivieren, wirklich die geforderten 15 mm Putz aufzubringen. Die Prüfung dieser Verlegeart wurde z. B. von der Leoni Studer AG in Verbindung mit ihren Kabeln veranlasst. **Bild 6.15** zeigt schematisch die Leitung in der zugelassenen Verlegeart.

Die Verlegung unter Putz ist der Verlegung unter *Estrich* ähnlich. Hier sei auf die Muster-Leitungsanlagen-Richtlinie verwiesen, die einer Verlegung unter dem Estrich einen Funktionserhalt zuerkennt, wenn die Estrichschicht mindestens 30 mm beträgt. **Bild 6.16** zeigt den schematischen Aufbau dieser Verlegeart. In diesem Fall darf auch eine Leitung ohne Funktionserhalt, also z. B. NYM verlegt werden.

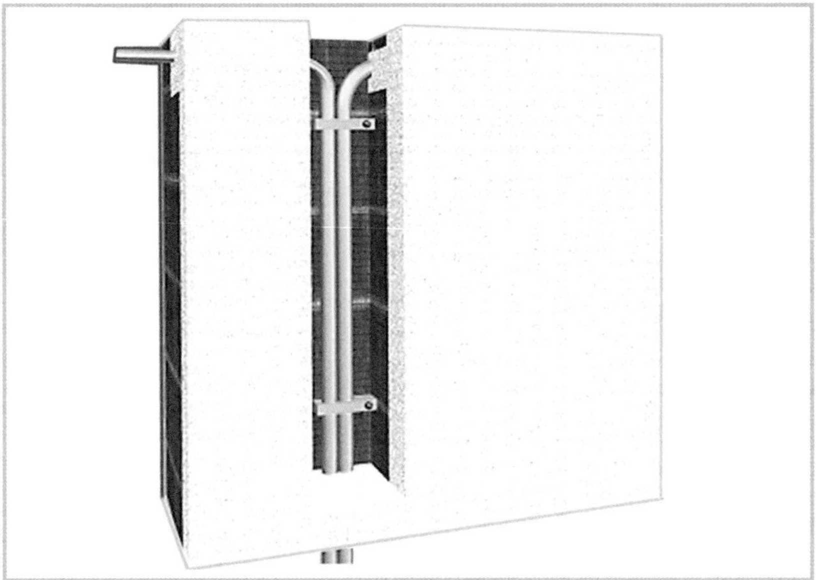

Bild 6.15 Funktionserhalt E30 für Leitungen unter Putz
Werkbild Leoni Studer AG

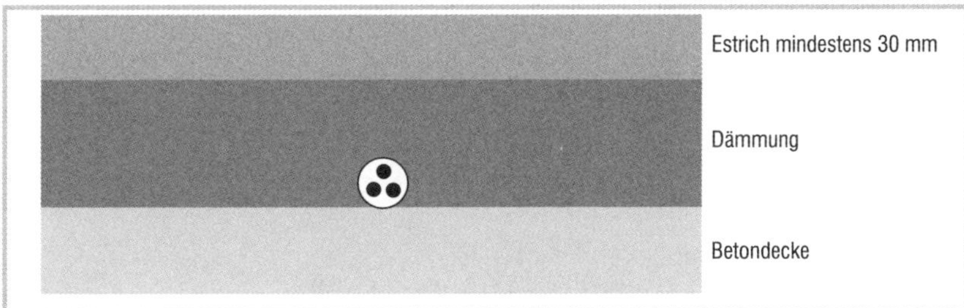

Bild 6.16 Funktionserhalt bei Verlegung unter 30 mm Estrich

6.5.2 Einzelverlegesysteme auf Putz

Die Befestigungsabstände der jeweiligen Kabel sind in deren Zulassung aufgeführt. Sie sind abhängig von der Stabilität des Kabels, die sich aus der Bauart und aus dem Leiterquerschnitt ergibt. Die Leitungen sind gemäß DIN 4102-12 alle in horizontaler Montageweise geprüft. Die Befestigung erfolgt jedoch oft in vertikalen Trassen. Dabei ist die Belastung für die Kabel jedoch nicht so groß wie bei einer waagerechten Verlegung. Daher können die Befestigungsabstände aus der horizontalen Verlegung auf die vertikale übertragen werden. Zu beachten ist aber der Übergang von der horizontalen auf die vertikale Verlegung. Dieser muss zug- und druckfrei ausgeführt werden, um die im Brandfall sehr empfindlichen Kabel nicht zu verletzen. Nach Herstellerangaben der Firma Dätwyler ist eine Bündelung bis 2,5 kg/m in Einfachschellen und Bügelschellen möglich. Horizontal und vertikal sind Bündelverlegungungen mit oder ohne Rohre in den ABP beschrieben.

Bei *Kreuzungen* mit anderen Installationen sollte beachtet werden, dass die Kabel und Leitungen mit Funktionserhalt nicht von anderen herabfallenden Installationen beschädigt werden dürfen. Deshalb sind deren Trassen grundsätzlich über denen der anderen Installationen zu führen. Das sollte nicht nur bei Installationen unter Decken, sondern auch bei Installationen an Wänden eingehalten werden. Im Sonderfall sind spezielle Maßnahmen zum Schutz der Kabel und Leitungen mit Funktionserhalt zu treffen. Diese können z. B. aus mechanisch stabilen und nicht brennbaren Konstruktionen bestehen, die die Trassen mit Funktionserhalt schützen. Für die Befestigung gilt, dass die Abstände der *Einzelschellen* in der gemeinsamen Prüfung von Kabel und Befestigungsmaterial beschrieben sind. Schellenabstände sind bei einigen Herstellern gemäß ABP bis zu 1,2 m möglich. Der Schellenabstand für eine fachgerechte Kabel- oder Rohrbefestigung liegt beim 25-fachen Durchmesser. Horizontal soll der Schellenabstand von 80 cm und vertikal 1,5 m nicht überschritten werden. **Bild 6.17** zeigt eine derartige Verwendung.

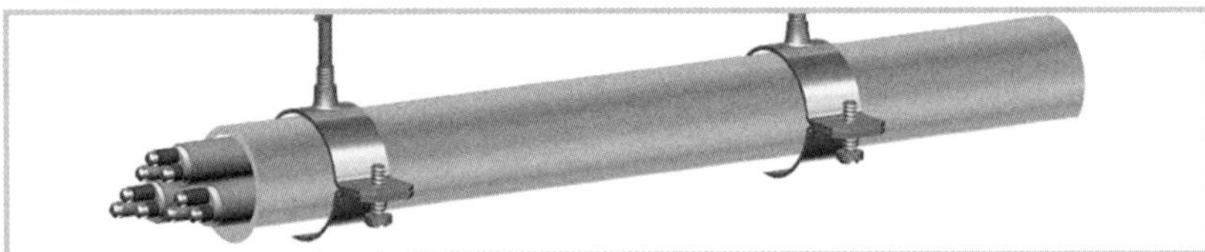

Bild 6.17 Einzelverlegesysteme mit Leichtschellen
Werkbild Leoni Studer AG

6.5.3 Sammelverlegesysteme

Kabel mit Funktionserhalt können auf *Kabelbühnen* oder *Kabelleitern* verlegt werden. Voraussetzung ist, dass diese Systeme in Verbindung mit dem Kabel geprüft sind. Die üblichen Voraussetzungen einer Kabeltrasse im Hinblick auf die Belastbarkeit sind natürlich auch in diesen Fällen zu beachten. Gegenüber den Standardbühnen haben die Verlegesysteme für Leitungen mit Funktionserhalt – zusätzlich zu den Hängestielen und Auslegern –

Befestigungen mit Gewindestangen. Diese unterstützen die Ausleger auf der dem Hängestiel gegenüberliegenden Seite, indem sie die Trasse zur Decke hin abfangen. Auch hier ist zu beachten, dass die Trasse mit Funktionserhalt nicht durch andere Installationen beschädigt wird, die im Brandfall auf die Trasse fallen können. Das gilt nicht nur für die Beschädigung der Kabel auf der Trasse, sondern auch für die Belastung des Tragsystems. Dieses ist in der Regel nicht dafür ausgelegt, zusätzlich zu den Kabellasten weitere Belastungen durch herabfallende Gegenstände aufzunehmen.

Bei der Berechnung der Belastung eines Sammelträgers müssen die *Gewichte* der jeweiligen Kabel und Leitungen bekannt sein. Diese weichen unwesentlich von den Gewichten der Standardkabel ab. Das ist darauf zurückzuführen, dass besonders bei den Energiekabeln mit größerem Querschnitt die Leitermasse den größeren Gewichtsanteil ausmacht. Allerdings ist die Verwendung von Aluminium zur Gewichtsreduzierung bei der Installation von Energiekabeln mit Funktionserhalt nicht möglich. Energiekabel mit Funktionserhalt werden wegen des niedrigen Schmelzpunktes von Aluminium lediglich mit Kupferleitern angeboten.

Als Richtwert für die maximale Trassenbelastung kann für das leichte Kabeltragsystem 10 kg/m angenommen werden. Dabei darf eine Stützweite von 1,20 m nicht überschritten werden. Die Trassen sind höchstens 3-lagig aufzubauen.

Für die schweren Kabeltragsysteme kann von einer maximalen Belastung von 20 kg/m ausgegangen werden. Der Stützabstand beträgt auch hier maximal 1,20 m. Die vorgenannten Belastungswerte sind oft nur für Trassen mit Funktionserhalt E90 angegeben.

Um die Belastung des Kabeltragsystems ermitteln zu können, müssen die Kabel- und Leitungsgewichte bekannt sein. Diese sind in einer kleinen Auswahl der **Tabelle 6.2 a** für Energieleitungen sowie der **Tabelle 6.2 b** für informationstechnische Leitungen zu entnehmen. Die **Bilder 6.18** bis **6.20** zeigen verschiedene Varianten von Sammelverlegesystemen.

Tabelle 6.2 a Gewichte von gängigen Kabeln und Leitungen in kg/m

Aderzahl x Querschnitt	NYM	NYY	NYCWY	NHXH E30	NHXCH E30	NHXCH E90
3 x 1,5	0,135	0,225	–	0,207	0,209	–
3 x 2,5	0,190	0,270	–	0,255	0,260	0,429
4 x 6	0,460	0,520	–	0,496	0,552	0,726
4 x 16	1,050	1,100	1,100	0,995	1,119	1,370
4 x 25	–	1,700	1,650	1,474	1,583	1,904
4 x 95	–	4,250	4,600	4,840	5,181	5,803

Tabelle 6.2 b Gewichte von gängigen Kabeln und Leitungen in kg/m

Aderzahl x Querschnitt	J-Y(St)Y	J-H(St)HE90
2 x 2 x 0,8	0,060	0,074
4 x 2 x 0,8	0,010	0,127
12 x 2 x 0,8	0,130	0,336
20 x 2 x 0,8	0,370	0,529

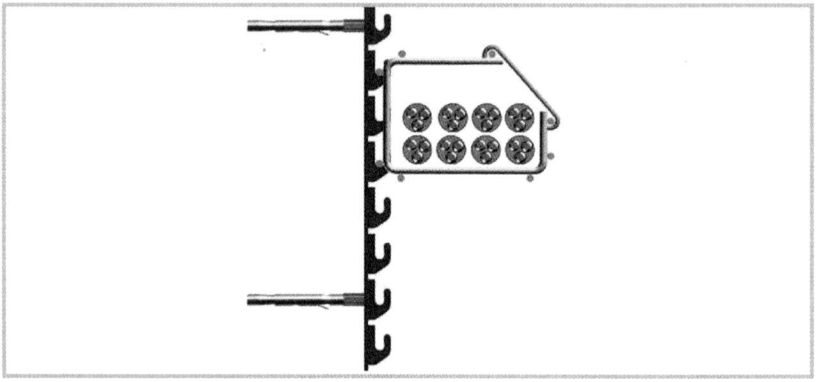

Bild 6.18 Sammelverlegesystem
Werkbild Leoni Studer AG

Bild 6.19 Leitungen im Sammelhalter
Foto Fröse

Bild 6.20 Sammelverlegesystem als Gitterrinne
Werkbild Dätwyler Cables

Das Funktionserhaltsystem BETAfixss der Leoni Studer AG (vormals Studer) erfuhr in den letzten zwei Jahren Verbesserungen mit größeren Verlegeabständen (Schellenverlegungen und Verlegungen in Rohrsystemen jetzt durchgängig bis max. 1,20 m Schellenabstand). Zusätzlich sind zwei wichtige Erweiterungen des Systems geprüft worden, und ein „Allgemeines Bauaufsichtliches Prüfzeugnis" wird dafür ausgestellt.

Die Befestigungsabstände für Weitspannbahnen sind bis 3,00 m Stützabstand zugelassen. Darüber hinaus wurden Sammelhalter geprüft, die zugleich einen Installationskanal bilden können.

6.5.4 Befestigungsmittel

Auch an die Befestigungsmittel der Verlegesysteme werden durch die Bauartzulassung des Kabels Anforderungen gestellt. Die **Bilder 6.21, 6.22 und 6.23** zeigen eine Auswahl von *Dübeln* verschiedener Systemhersteller. Für brandschutztechnisch nicht geprüfte Dübel ist grundsätzlich die doppelte Bohrtiefe vorzusehen, wie sie die Zulassung unter normalen Bedingungen vorschreibt. Die Mindestbohrtiefe beträgt dann 60 mm und die Mindestgröße für die Dübel M8. Eine Belastung dieser Dübel darf 500 N nicht überschreiten. Für geprüfte Dübel sind die Werte der jeweiligen Zulassung zu entnehmen. Richtwerte für die Belastung von Dübeln in Abhängigkeit von der Feuerwiderstandsklasse der Befestigung enthält **Tabelle 6.3.** Zu beachten ist, dass für jedes Produkt die entsprechende Belastungstabelle gewählt wird.

Für die erste Befestigung von Medienleitungen vor und nach einer Abschottung ist der Abstand in der jeweiligen Zulassung der Brandschutzprodukte festgelegt. Hierfür werden am besten Dübel mit entsprechenden

Bild 6.21
Brandschutzdübel
Werkbild Dätwyler Cables

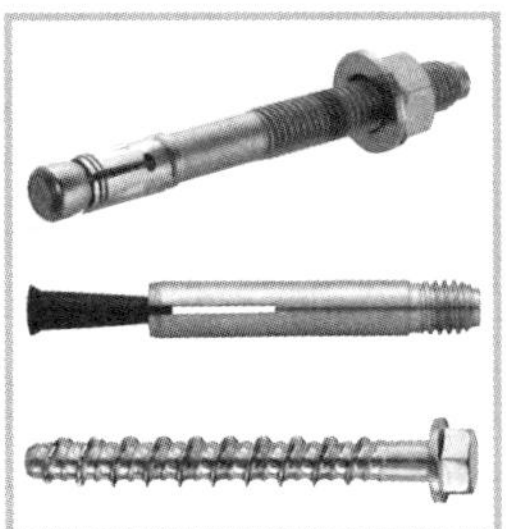

Bild 6.22
Brandschutzdübel
Werkbild Hilti
Deutschland AG

Bild 6.23
Brandschutzdübel
Werkbild Hilti
Deutschland AG

Tabelle 6.3 Belastung von zugelassenen Dübeln des Typs HUS-P
Quelle: Hilti Deutschland AG

Feuerwiderstandsklasse	charakteristische Tragfähigkeit $N_{rk,\,p,\,fi}$ in kN								
R30 R60 R90	1,5	2,3	3,0	2,4	4,0	4,9	3,1	4,8	7,8
R120	1,2	1,8	2,4	1,9	3,2	3,9	2,5	3,8	6,3

Brandschutz-Prüfungen verwendet. Zu beachten sind zusätzlich die Abstände von Bauteilkanten sowie die Abstände der Bohrungen untereinander. Werden die Dübel zu eng gesetzt oder auch zu nahe an Bauteilkanten eingebracht, so kann die Festigkeit des Dübels im Material nicht gewährleistet werden. Die Bauteilkanten können abbrechen und den Dübel freilegen. Bei zu eng gesetzten Dübeln wird das Material geschwächt, und die Dübel können den Untergrund komplett herausbrechen.

6.5.5 Gemeinsames Verlegen von Leitungen mit Funktionserhalt mit übrigen Stromkreisen

Um bei einer Störung die Funktion der Leitungsanlage nicht zu beeinträchtigen, ist es verboten, die Leitungen für Sicherheitseinrichtungen mit Leitungsanlagen der normalen Stromversorgung in einem Verlegesystem zu verlegen. Die Führung in einem gemeinsamen Installationsschacht ist deshalb auch praktisch nicht möglich. Eine Abtrennung kann analog zu den Abtrennungen von Verteilern nach der jeweils höchsten Brandschutzklasse erfolgen. **Bild 6.22** zeigt schematisch eine derartige Anordnung.

6.6 Querschnittsermittlung für den Brandfall

Im Zusammenhang mit der Erstellung von elektrischen Kabel- und Leitungsanlagen mit Funktionserhalt nach den Anforderungen in DIN 4102-12 muss auch die Frage beantwortet werden, wie sich die elektrischen Verhältnisse dieser Leitungen bei den Temperaturen im Brandfall verändern.

Die Überlegungen sollen an der Stelle beginnen, an der von einer Widerstandsänderung bei Temperaturanstieg gesprochen wird. Diese hat auf der Leitung einen höheren Spannungsfall als bei Normaltemperatur, die für die Kabel- und Leitungsanlagen in Gebäuden 30 °C beträgt, zur Folge.

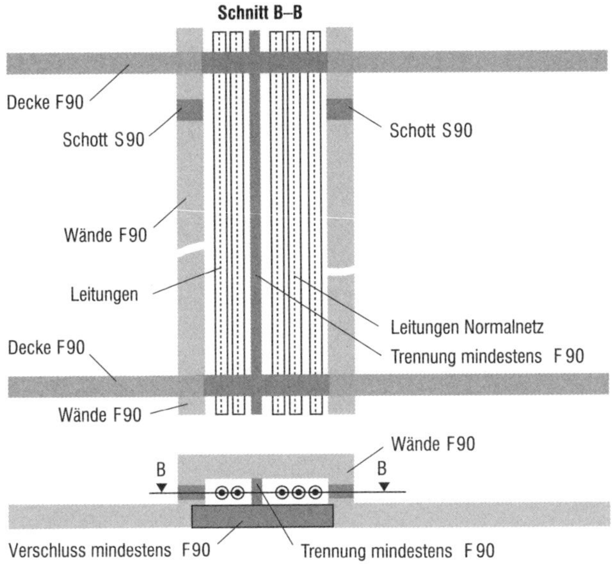

Bild 6.22 Installationsschacht mit Sicherheitsleitungen E90 über mehrere Etagen

Nach der Matthiessen-Regel setzt sich der Widerstand eines Metalls aus dem Anteil des temperaturunabhängigen Widerstandes des reinen Metalls und dem Anteil des temperaturabhängigen Restwiderstandes, der auf Verunreinigungen und Gitterstörungen zurückzuführen ist, zusammen. Die Abhängigkeit wird für Temperaturen ≤ 100 °C wie folgt dargestellt:

$$R_\vartheta = R_{20}\,(1 + \alpha \cdot \Delta\vartheta). \qquad (1)$$

Der Temperaturbeiwert α beschreibt die Widerstandsänderung des Werkstoffs bei Temperatureinwirkung. Mit dieser Gleichung lässt sich der Warmwiderstand eines Leiters bis zu einer Temperatur von 100 °C ermitteln. In einigen Tabellenwerken wird auch eine Gleichung zur Ermittlung der Warmwiderstände über 100 °C zur Verfügung gestellt:

$$R_\vartheta = R_{20}\,(1 + \alpha \cdot \Delta\vartheta \cdot \beta \cdot \Delta\vartheta^2). \qquad (2)$$

Die Nichtlinearität wird darin durch den Faktor $\beta = \alpha^2/2$ berücksichtigt. Die mit dieser Gleichung zu ermittelnden Warmwiderstände von Werkstoffen treffen nicht für Kupfer, sondern nur für die nichtlineare Temperaturabhängigkeit eines Widerstandsmaterials zu.

Da sich der Spannungsfall in einem Leiter wesentlich einfacher berechnen lässt, wenn nicht der Warmwiderstand, sondern der spezifische elektrische Widerstand angegeben ist, werden die vorgestellten Gleichungen auf den spezifischen elektrischen Widerstand umgestellt. Dazu wird folgende Gleichung herangezogen:

$$R = \frac{l \cdot \rho}{A} \tag{3}$$

R_ϑ Widerstand bei Erwärmung in Ω,
R_{20} Widerstand bei 20 °C in Ω,
α Temperaturbeiwert (für Kupfer 0,00393 K^{-1}),
$\Delta\vartheta$ Temperaturänderung in K.

In Gleichung (3) kann Gleichung (1) eingesetzt werden. Daraus folgt für den Warmwiderstand in Abhängigkeit von der Leiterlänge und dem Leiterquerschnitt für Temperaturen ≤ 100 °C:

$$R = \frac{l}{A} \cdot \rho \cdot (1 + \alpha \cdot \Delta\vartheta). \tag{4}$$

R elektrischer Widerstand in Ω,
l Leiterlänge in m,
A Querschnittsfläche in m^2,
ρ spezifischer elektrischer Widerstand in $\Omega \cdot m$.

Dabei kann das Produkt $\rho \cdot (1 + \alpha \cdot \Delta\vartheta)$, im Folgenden als Gleichung (5) bezeichnet, als spezifischer elektrischer Widerstand für Temperaturen über 20 °C betrachtet und mit ρ_ϑ bezeichnet werden. Mit diesem Wert kann dann in der Gleichung zur Ermittlung des Spannungsfalls an Werkstoffen, mit linearer Abhängigkeit des elektrischen Widerstandes von der Temperatur, gearbeitet werden.

Gleiches gilt für Werkstoffe mit nichtlinearer Abhängigkeit, unter Verwendung von $\rho \cdot (1 + \alpha \cdot \Delta\vartheta \cdot \beta \cdot \Delta\vartheta^2)$, im Folgenden als Gleichung (6) bezeichnet.

Die berechneten Werte können mit der Messreihe von *Richter* verglichen werden, der den spezifischen Widerstand von Kupfer bis zu einer Temperatur von 1.000 °C gemessen hat. Für den praktischen Gebrauch dekken sich die Ergebnisse der Gleichung (5) mit hinreichender Genauigkeit mit denen der Messung. Die Messreihe von *Richter* zeigt **Tabelle 6.4.**

Der Zusammenhang lässt sich am einfachsten als Diagramm darstellen **(Bild 6.23).** Dabei wurden folgende Werte zugrunde gelegt:

$\alpha = 4{,}3 \cdot 10^{-3} K^{-1}$

$\rho_{20} = 0{,}017\ \mu\Omega \cdot m$

Tabelle 6.4 Spezifischer elektrischer Widerstand von Kupfer im Temperaturbereich 20 °C bis 1.000 °C entnommen aus: Zeitschrift METALL, 45. Jg, H. 6

Temperatur in °C	ρ in $\mu\Omega \cdot m$	Temperatur in °C	ρ in $\mu\Omega \cdot m$
20	0,017	400	0,040
50	0,019	500	0,047
100	0,021	600	0,053
150	0,024	700	0,061
200	0,027	800	0,069
250	0,030	900	0,077
300	0,034	1.000	0,087

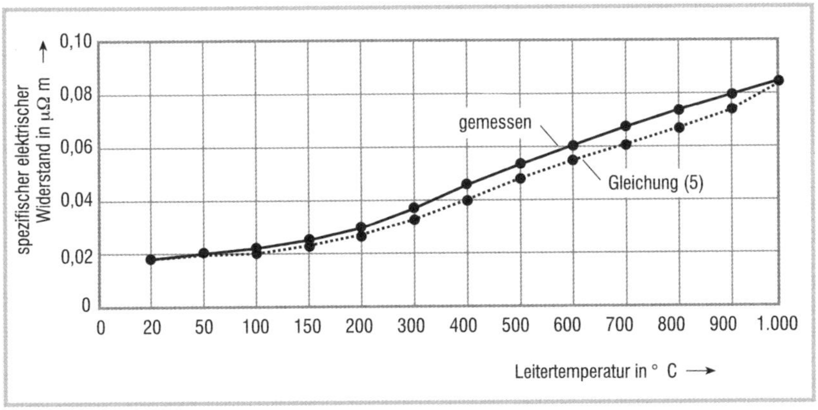

Bild 6.23 Vergleich der gemessenen Werte von Richter mit den berechneten Werten nach Gleichung (5)

Der Vergleich der gemessenen Werte mit den nach Gleichung (5) berechneten zeigt eine für die Praxis hinreichende Übereinstimmung.

Zur Ermittlung des notwendigen Querschnitts bei erhöhter Umgebungstemperatur ist in die Gleichung zur Spannungsfallberechnung der jeweilige temperaturabhängige Wert des spezifischen elektrischen Widerstandes einzusetzen. Kabelanlagen in Kanälen weisen zum Zeitpunkt des Funktionsverlusts eine Temperatur von ca. 150 °C auf. Für Leiter einer Kabelanlage mit Funktionserhalt ist hingegen die Brandraumtemperatur einzusetzen, wenn kein anderer Nachweis erfolgt. Diese beträgt nach 90 min ca. 1.000 °C.

Bei der Berechnung kann von den Werten aus **Tabelle 6.5** ausgegangen werden.

Der maximale Spannungsfall über den elektrischen Widerstand der Zuleitung zu einem Verbraucher ist in DIN VDE 0100-520 mit 4 % angegeben. Das entspricht in einem 230/400-V-Netz einer Spannung Δu = 16 V. Die-

Tabelle 6.5 Spezifischer elektrischer Widerstand von Kupfer – Eckwerte zur folgenden Berechnung

Verlegebedingung	Temperatur in °C	ρ_ϑ in $\mu\Omega \cdot m$
Leitung im Normalraum unter Normalbedingungen	ca. 30	0,018
Leitung in einem Kanalsystem	ca. 150	0,024
Leitung mit integriertem Funktionserhalt	ca. 1.000	0,087

ser Wert trifft in der Regel nach Herstellerangaben auch als Maximalwert zu, wenn eine sicherheitstechnisch relevante Anlage, z. B. eine Sprinklerpumpe oder ein Evakuierungsaufzug, betrieben werden muss. Der Spannungsfall auf der Zuleitung während des Normalbetriebs ist

$$\Delta u = \frac{\sqrt{3} \cdot I \cdot \cos\varphi \cdot l \cdot \rho}{A} \tag{7}$$

Δu Spannungsfall in V,
ρ spezifischer elektrischer Widerstand in $\mu\Omega \cdot m$,
A Leiterquerschnitt in mm^2,
$\cos\varphi$ Leistungsfaktor,
l Leiterlänge in m,
I Bemessungsstrom der Anlage in A.

Zu berücksichtigen ist dabei jedoch, dass die Brandraumtemperatur nur in einem Brandabschnitt auftreten kann und dass die Brandwände mit der Feuerwiderstandsklasse F90 eine Ausbreitung des Brandes verhindern. Damit kann das verlegte Kabel in mehrere Abschnitte aufgeteilt werden, von denen ein Abschnitt der Brandraumtemperatur und die übrigen Abschnitte der normalen Raumtemperatur ausgesetzt sind. **Bild 6.24** zeigt diese Situation beispielhaft.

Zur Berechnung muss Gleichung (7) in zwei Komponenten aufgeteilt werden. Eine beinhaltet den Spannungsfall des Anteils, der unter Normalbedingungen betrieben wird, und der zweite den des Anteils, der im brennenden Raum verlegt ist. Werden mehr als zwei Brandabschnitte durchquert, so sollte der Anteil mit der längsten Strecke in die Berechnung einfließen. Damit wird immer der schlechteste Fall angenommen.

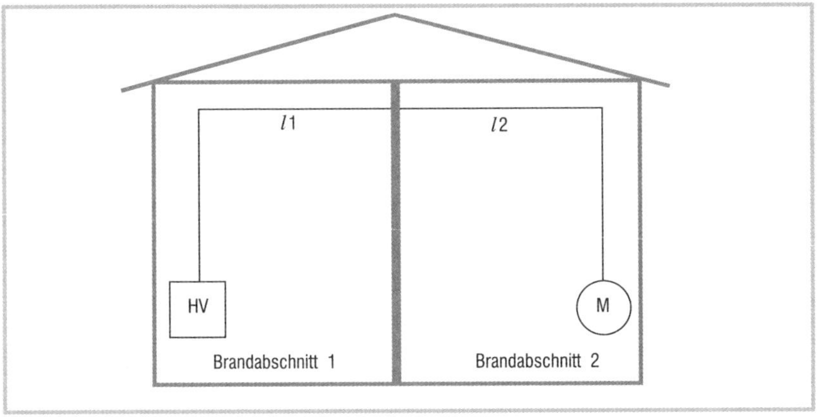

Bild 6.24 Schema einer Versorgungstrasse durch mehrere Brandabschnitte

Damit wird aus Gleichung (7)

$$\Delta u_{ges} = \frac{\sqrt{3} \cdot I \cdot \cos\varphi \cdot l_{20} \cdot \rho_{20}}{A} + \frac{\sqrt{3} \cdot I \cdot \cos\varphi \cdot l_{\vartheta} \cdot \rho_{\vartheta}}{A} \quad (8)$$

oder

$$\Delta u_{ges} = \frac{\sqrt{3} \cdot I \cdot \cos\varphi}{A} \cdot (l_{20} \cdot \rho_{20} + l_{\vartheta} \cdot \rho_{\vartheta}); \quad (9)$$

Δu Spannungsfall in V,
ρ spezifischer elektrischer Widerstand in $\mu\Omega \cdot m$,
A Leiterquerschnitt in mm^2,
$\cos\varphi$ Leistungsfaktor,
l Leiterlänge in m,
I Bemessungsstrom der Anlage in A,
l_{20} Leiterlänge im kalten Gebäudeabschnitt in m,
l_{ϑ} Leiterlänge im Brandabschnitt in m,
ρ_{20} spezifischer elektrischer Widerstand der kalten Leiterlänge in $\mu\Omega \cdot m$,
ρ_{ϑ} spezifischer elektrischer Widerstand der warmen Leiterlänge in $\mu\Omega \cdot m$.

Diese Gleichung kann nun nach dem Leiterquerschnitt umgestellt werden:

$$A = \frac{\sqrt{3} \cdot I \cdot \cos\varphi}{\Delta u_{ges}} \cdot (l_{20} \cdot \rho_{20} + l_{\vartheta} \cdot \rho_{\vartheta}). \quad (10)$$

Der Wert für ρ_{ϑ} kann Tabelle 6.5 entnommen werden.

Wird in Gleichung (10) Gleichung (6) eingesetzt, so ergibt sich die folgende Gleichung, aus der der erforderliche Querschnitt direkt ermittelt werden kann:

$$A = \frac{\sqrt{3} \cdot I \cdot \cos\varphi}{\Delta u_{ges}} \cdot [(l_{20} \cdot \rho_{20} + l_{\vartheta} \cdot \rho_{20}(1 + \alpha \cdot \Delta\vartheta)]. \quad (11)$$

Für den Brandfall einer Leitungsanlage mit integriertem Funktionserhalt können folgende Werte eingesetzt werden:

$\alpha = 4{,}3 \cdot 10^{-3} K^{-1}$

$\rho_{20} = 0{,}017\,\mu\Omega \cdot m$

$\Delta\vartheta = 980\,K$

Zur Vereinfachung des Rechenverfahrens können die Strecken der brandbelasteten Trasse zu der der übrigen Trasse ins Verhältnis gesetzt werden. Unter den vorgenannten Bedingungen kann ein Faktor *B* ermittelt werden, mit dem der für den kalten Zustand berechnete Querschnitt multipliziert wird, um den neuen Querschnitt zu erhalten. Dieser gilt dann für die gemischte Verlegung.

Das **Bild 6.25** wurde für folgende Bedingungen erstellt:

- Kabel mit integriertem Funktionserhalt und einer Temperatur von ca. 1.000 °C,
- Kabeltrasse im Kanal oder Schacht mit einer Maximaltemperatur von 150 °C,
- Funktionserhalt von 90 min (E90).

Damit reduziert sich die Berechnung auf die Bestimmung des Faktors *B* aus Bild 6.28 und auf die Multiplikation des unter Normalbedingungen festgelegten Leiterquerschnitts.

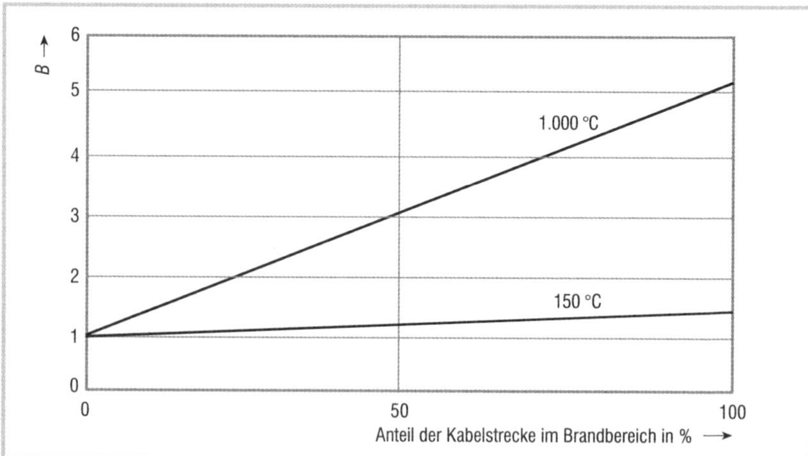

Bild 6.25 Faktor *B* in Abhängigkeit von dem im Brandbereich verlegten Anteil der Trasse und dem Verlegesystem

Berechnungsbeispiel
Der unter Normalbedingungen ermittelte Querschnitt beträgt 10 mm². Je 25 % der Trasse verlaufen in 4 verschiedenen Brandabschnitten. Es wird ein Kabel mit integriertem Funktionserhalt gewählt.
Aus Bild 6.28 wird der Faktor B bei 25 % zu 2 ermittelt. Dann ist

$$A_w = A \cdot B = 10\ \text{mm}^2 \cdot 2 = 20\,\text{mm}^2.$$

Zu Verlegen ist der nächsthöhere Querschnitt, also $25\,\text{mm}^2$.

Im beschriebenen Fall ist die Berücksichtigung von Häufungen im heißen Brandabschnitt nicht erforderlich, wohl aber zur Bestimmung des Basisquerschnitts.

Unter Berücksichtigung der Querschnittserhöhung bei der Verlegung von Leitungen in einem Brandabschnitt ist nach den vorliegenden Erkenntnissen eine Kostenabwägung zwischen den beiden Installationssystemen

- Funktionserhalt durch Abschottung und Verkleidung und
- Funktionserhalt durch Verlegung von Kabeln mit integriertem Funktionserhalt

erforderlich. Welches Verfahren gewählt wird, hängt von der jeweiligen örtlichen Situation ab und davon, welche Dimensionen die Trassenführung zulässt. Grundsätzlich zeigt das Beispiel aber auch, dass eine Vernachlässigung der Querschnittserhöhung Folgen für den sicheren Betrieb einer sicherheitsrelevanten Anlage haben kann. Die hier gemachten Annahmen beziehen sich zunächst auf die vorliegende Normung. Eine praxisbezogene Berücksichtigung dieser Fakten kann sicherlich durch Messungen am Objekt zu anderen Erkenntnissen führen.

Berechnungen zur Dimensionierung im Zusammenhang mit der thermischen Belastung im Brandfall werden von verschiedenen Systemherstellern angeboten, u. a. von Dätwyler Cables und Leoni Studer AG. Im Allgemeinen handelt es sich dabei um Algorithmen, die in Excel-Tabellen integriert sind.

6.7 Anforderungen an die Stromversorgung von Sprinklerpumpen

In VdS CEA 4001 2014-04 sind unter „Stromversorgung" die Anforderungen an Sprinklerpumpen beschrieben. Danach darf die Betriebsspannung der im Nennbetrieb laufenden Pumpenanlage die Motornennspannung um nicht mehr als 5 % unterschreiten. Das entspricht dem maximalen Spannungsfall bei Nennbelastung.

Die Sicherungen im Pumpenschaltschrank müssen ein träges Ansprechverhalten haben und so ausgelegt sein, dass sie dem Strom eines blockierten Motors für die Dauer von mindestens 75 % der Zeit bis zum Versagen der Wicklungen widerstehen können. Sie müssen danach mit dem normalen Strom zuzüglich 100 % für mindestens 5 h belastet werden können. Daraus folgt, dass die Dimensionierung der vorgeschalteten Sicherung für den doppelten Strom erfolgen muss.

Es reicht hier also nicht aus, den Querschnitt entsprechend anzupassen. Zusätzlich ist auch die Sicherung entsprechend der Belastung von $2 \cdot I_N$ zu ändern.

Dabei sollte jedoch beachtet werden, dass es sich in diesem Fall nicht unbedingt um eine Sicherung mit dem doppelten Nennwert handelt. Der Motorbemessungsstrom ist in aller Regel wesentlich kleiner als der Anlaufstrom, auf den die Sicherung ausgelegt wird. Das macht sich besonders bei der Direkteinschaltung bemerkbar.

Ein Vergleich für oberflächengekühlte Kurzschlussläufer zeigt dies deutlich:

Motorbemessungsstrom	22 A	41 A
Bemessungsstrom der Sicherung bei Direktanlauf	35 A	80 A
Bemessungsstrom der Sicherung bei Y△-Anlauf	25 A	50 A
Doppelter Motorbemessungsstrom	44 A	82 A
Gewählter Bemessungsstrom der Sicherung	50 A	80 A

Die Dimensionierung kann nach diesem Verfahren erfolgen.

6.8 Leitungsinstallationen in Decken und Wänden

Bei der täglichen Arbeit trifft der Elektrotechniker schnell an die Wirkungsgrenzen der üblicherweise von ihm angewendeten VDE-Bestimmungen. Eine Kenntnis auch anderer Regeln ist aber unabdingbar, wenn er regelkonform arbeiten will. Ein besonderes Problem bilden dabei die Fragen des Brandschutzes. Im Folgenden werden Betrachtungen zu Brandschutzanforderungen für Decken und Wände angestellt, die für den Elektrotechniker wichtig sind.

Brandschutzanforderungen gibt es für viele Gebäude. Mit ihnen kommt der Elektrotechniker vor allem

- bei der Montage von Leuchten in Zwischendecken,
- bei der Montage von Leitungsanlagen in Decken und Wänden und
- bei der Führung von Leitungen durch Decken und Wände

in Berührung.

Dabei ist zunächst zu hinterfragen, ob das jeweilige Bauteil eine Brandschutzanforderung erfüllt. Meist handelt es sich bei Unterdecken um Decken der Brandschutzklassifikation F30. Geschossdecken sind meist F90-Bauteile, und als Trennwände zum Treppenhaus oder zu einer anderen Wohnung sind F90-Wände zu finden. In Nutzgebäuden ist eine Trennwand zwischen Flur und Büro meist eine F30-Wand. Das bedeutet, dass der Elektrotechniker auf ein Bauteil oder ein Herstellungsverfahren trifft, das eine Brandschutzprüfung absolviert hat. Die Bedingungen, unter denen das Bauteil diese Prüfung bestanden hat, sind auch bei der Verwendung auf der Baustelle einzuhalten.

6.8.1 Brandschutztechnische Bezeichnungen

Zu der Art der Prüfung und zu den Bedingungen gibt die DIN 4102 „Brandverhalten von Baustoffen und Bauteilen" notwendige Auskünfte. Im Teil 1 gibt es allgemeine Informationen zu Baustoffen, Begriffen, Anforderungen und Prüfungen. Darüber hinaus existieren weitere Teile zu dieser Norm. Im Zusammenhang mit der Fragestellung ist der Teil 2 „Bauteile" wichtig. Hier werden die Prüfungen der Feuerwiderstandsklassen für Bauteile beschrieben. Zu den Bauteilen gehören Wände und Decken. Der Buchstabe „F" kennzeichnet dabei Wände, Decken, Gebäudestützen, Unterzüge und Treppen.

Übliche *Feuerwiderstandsklassen* enthält **Tabelle 6.6.**

Tabelle 6.6 Funktionserfüllung von Bauteilen im Brandfall

Feuerwiderstandsklasse	Funktionserfüllung in min
F0	weniger als 30
F30	mindestens 30
F60	mindestens 60
F90	mindestens 90
F120	mindestens 120
F180	mindestens 180

Zusätzlich zur Feuerwiderstandsklasse finden bauaufsichtliche Kennzeichnungen Anwendung:

- feuerhemmend, zur Kennzeichnung von F30,
- hochfeuerhemmend, zur Kennzeichnung von F60,
- feuerbeständig, zur Kennzeichnung von F90,
- hochfeuerbeständig, zur Kennzeichnung von F120,
- höchstfeuerbeständig; zur Kennzeichnung von F180.

Um eine derartige Kennzeichnung für ein Bauteil verwenden zu können, ist eine Prüfung des Bauteils notwendig. Für den Fall einer Wand oder einer Unterdecke ist die Prüfvorschrift in DIN 4102-2 enthalten.

6.8.2 Montage in Decken

Eine im Bauvorhaben mit F30 klassifizierte Unterdecke ist eine Konstruktion, für die ein gesondertes Prüfzeugnis vorliegt. Im Rahmen der Prüfung sind gemäß Anforderung der Prüfnorm die Einbauten, z.B. Leuchten oder klimatechnische Geräte, mit zu prüfen. So besteht in der Dokumentation der Prüfung für den Installateur die Möglichkeit, nachzuprüfen, welche Leuchten wie eingebaut werden dürfen, um die Klassifikation F30 einzuhalten. Da die Zulassung der Decke nur dann gegeben ist, wenn alle Bedingungen der Prüfung eingehalten werden, müssen die Konstruktionen der Einbauten sich genau nach den Vorgaben der Prüfung richten.

Die Einhaltung des Aufbaus, wie er in der Prüfung durchgeführt wurde, bezieht sich aber nicht nur auf die Öffnungen für Einbauten, sondern auf die gesamte Konstruktion. Ist bei der Prüfung der Decke keine zusätzliche Last aufgebracht worden, so darf auch nach der Montage der Decke keine Last aufgebracht werden.

Der Errichter der Decke muss eine eventuell auftretende zusätzliche Last bei der Errichtung berücksichtigen. Das geschieht üblicherweise durch zusätzliche Abhängungen (**Bild 6.26**).

Bei der Leuchte in der Brandschutzdecke ist eine ähnliche Anforderung zu erfüllen. Eine Leuchte aus Stahlblech hat allerdings keine geprüfte Feuerwiderstandsfähigkeit. So werden die notwendigen Komponenten von den Herstellern der Decke geliefert. Dabei handelt es sich um Einhausungen der Leuchten, die in Verbindung mit der Decke geprüft sind und die die geforderte Brandschutzklassifikation einhalten (**Bild 6.27**). Eine Bescheinigung über die Prüfung steht bei den Herstellern zur Verfügung.

Im Gegensatz zur eingebrachten Leuchte ist die Brandlast, die im Zwischendeckenbereich installiert ist, in der Norm definiert. Diese ist gemäß

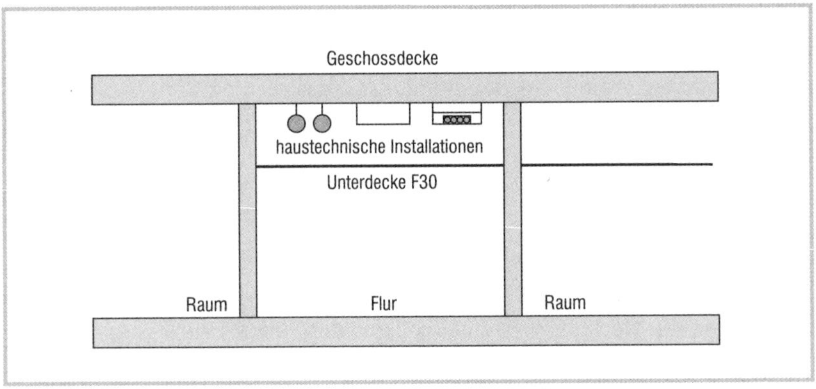

Bild 6.26 Schnitt durch einen Rettungsweg mit angrenzenden Räumen

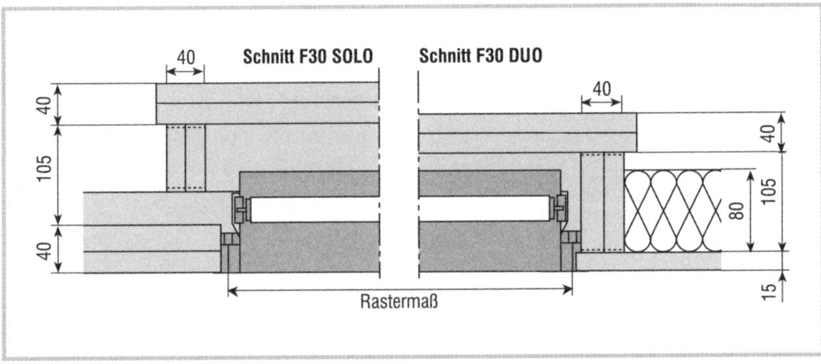

Bild 6.27 Brandschutzkoffer für eine Leuchte F30

DIN 4102-2 im Abschnitt 7.2.1 Allgemeines mit 7 kWh/m^2 bei der Prüfung zu berücksichtigen. Dabei wird davon ausgegangen, dass die Brandlast gleichmäßig im Deckenraum verteilt ist. Ist die Brandlast im Bauvorhaben größer, so sind zusätzliche Schutzmaßnahmen erforderlich, die die Belastung der Decke durch Brand im Zwischenraum vor Beschädigung schützen.

Bei der Berechnung der Brandlast muss die Verbrennungswärme der installierten Leitungen und Verlegesysteme berücksichtigt werden. Eine Tabelle der Brandlast von häufig verwendeten Leitungen ist in der VdS 2134:2010-12 „Verbrennungswärme der Isolierstoffe von Kabeln und Leitungen. Merkblatt für die Berechnung von Brandlasten“ abgedruckt. Datenkabel der Kategorie 7 eines großen Herstellers haben beispielsweise eine Brandlast von 0,72 MJ/m.

Für einen Raum mit den Abmessungen 5 m x 5 m gilt danach eine maximal zulässige Brandlast von $25\,m^2 \cdot 7\,kWh/m^2 = 175$ kWh. Da die Brandlast gleichmäßig verteilt werden muss, kann das Leitungsbündel nicht in einer gemeinsamen Trasse geführt werden. Betrachtet man die Brandlast auf der Breite von 1 m, so dürfen maximal 12 Leitungen NYM 3 x $2{,}5m^2$ mit einer Brandlast von 0,58 kWh/m gebündelt geführt werden, um die Bedingungen einzuhalten.

Leitungssysteme mit einer Brandlast von mehr als $7\,kWh/m^2$ können in einen Installationskanal mit der Brandschutzklassifikation I30 verlegt werden und so die Decke vor Beschädigung durch einen Leitungsbrand schützen.

6.8.3 Leitungsführung durch Decken und Wände

Durch das Einbringen der Leitungen und bei der Durchdringung mit Leitungen entstehen in der Decke Öffnungen, die nach den Regeln der Basisnorm nicht geprüft wurden. Hier gilt es, bei einer geforderten Brandschutzklassifikation die Brandschutzklasse aufrechtzuerhalten. Bei den geforderten Brandschutzmaßnahmen unterscheiden sich allerdings die Bundesländer ein klein wenig. In einigen Ländern sind Brandschutzmaßnahmen für F30-Bauteile gefordert, in anderen Ländern nicht.

Im Bereich der Leitungsführung durch Wände und Decken werden die Bauteile mit einem zugelassenen Material verschlossen. So wird z. B. ein Brandschott mit der Klassifikation S30 in einem F30-Bauteil oder ein S90-Schott in einem Bauteil mit der Klassifikation F90 montiert. Die Montage des Schotts entsprechend den Regeln der Schotthersteller garantiert die Funktion des Schotts. Der Errichter bescheinigt die Montage und kennzeichnet die Montagestelle mit einem Schild.

6.8.4 Montage von Schaltern und Steckdosen in Systembrandwänden

Für Wände mit einer Brandschutzklassifikation gelten für die Erstellung von Öffnungen ähnliche Bedingungen. In gemauerten Wänden wird die Brandschutzklasse durch die Wanddicke nur dann eingehalten, wenn keine Unterputzgeräte installiert sind. In 100 mm oder 115 mm dicke Kalksandsteinwände mit Brandschutzanforderungen dürfen Steckdosen nicht unmittelbar gegenüberliegend eingebaut werden. Grundsätzlich muss sichergestellt werden, dass das Loch nur auf Dosentiefe gebohrt und abschließend die Dose eingeputzt wird.

Werden Systemwände im Trockenbau verwendet, so ist der Einbau von Schalterdosen in den Zulassungen geregelt. Beispiele für den Einbau gemäß Zulassung der Wandhersteller zeigt **Bild 6.28.**

Darüber hinaus stellen die Hersteller von Wandgehäusen auch geprüfte Betriebsmittel zur Verfügung, die entsprechend den Zulassungsbestimmungen in Trockenbauwände mit Brandschutzqualität ohne zusätzliche Maßnahmen eingebaut werden können (**Bild 6.29**).

Auch bei der Leitungsführung sind die Anforderungen zu beachten. Innerhalb der Trockenbauwände ist nur die Installation von Leitungen zugelassen, die die in den Wänden installierten Betriebsmittel versorgen. Wandfremde Leitungen dürfen nicht hindurchgeführt werden.
Grundsätzlich geben auch hier die Prüfvorschriften über die jeweiligen Installationsbedingungen Auskunft. Deshalb ist es sinnvoll, diese vor Montagebeginn zu kennen.

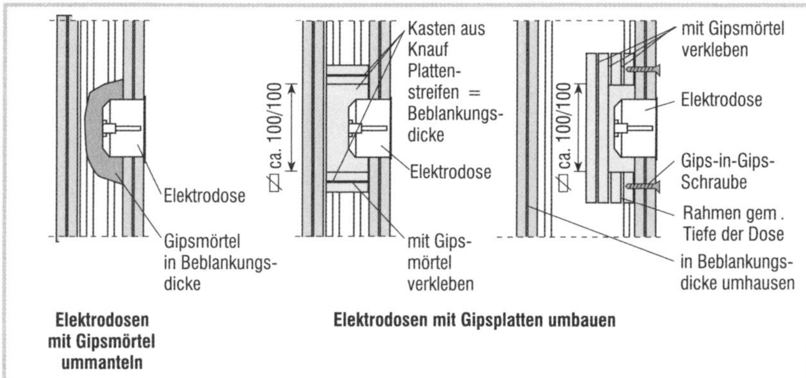

Bild 6.28 Herstellervorgaben für eine Systemwand zur Montage von Schalterdosen in Einfachständerwänden
Quelle: Knauf Gips KG, Iphofen

Bild 6.29 Schalterdose HWD 90 für Trockenbauwände mit Brandschutzklassifikation bis EI120
Werkbild der Kaiser GmbH & Co. KG

7 Verteiler mit Funktionserhalt

7.1 Rangierverteiler mit Funktionserhalt

Bei der Installation von Kabel- und Leitungsanlagen mit notwendigem Funktionserhalt kommt nicht ausschließlich eine sternförmige Versorgung vor. Häufig sind Kabel und Leitungen mit Funktionserhalt innerhalb der Gebäude zu verbinden. Dies kann natürlich nicht in einem herkömmlichen Isolierstoffgehäuse geschehen. Das Gehäuse würde bei Brandeinwirkung zerstört und damit auch die Einbauten, wie Klemmstellen und Schutzeinrichtungen. Um dies zu verhindern, muss der Verteiler gegen die Einwirkung von Feuer geschützt werden. Dafür kommt nur ein Verteiler infrage, der entsprechend geprüft wurde oder dessen Ummantelung nach festgelegten Regeln errichtet wurde.

Eine Alternative stellen fabrikfertige Systeme dar. Deren Verteiler sind aus Stahlblech gefertigt und mit entsprechenden Reihenklemmen bestückt. Die Deckel sind verschraubt und lassen aufgrund der Befestigung im Stahlblech auch ein häufiges Lösen der Verschraubung zu. Die Zuführungen in den Verteiler werden durch das Schottmaterial und durch das Stahlblechgehäuse gebohrt. Eine Vorfertigung der Bohrungen ist sinnvoll. Nicht benötigte Öffnungen, wie auch die verbleibenden Restöffnungen der Einführungen, sind mit einer zum System passenden intumeszierenden Brandschutzmasse sicher zu verschließen. Da solche Systeme im Labor auf ihre Standzeit, einschließlich der innen liegenden Verbindungsklemmen, geprüft werden, sind sie dem Eigenbau immer vorzuziehen.

7.2 Klemmenkästen

Hierzu existieren schon seit geraumer Zeit Lösungen mit Funktionserhalt. So stellt die Fa. Celsion Verteiler her, die einem Brand 30 min lang standhalten **(Bild 7.1)**. Die Klemmenkästen können aber auch mit einem zusätzlichen Gehäuse abgedeckt werden. Dieses hält die Brandeinwirkungen über den Prüfzeitraum von dem Verteiler ab. Eine weitere Möglichkeit besteht darin, den Verteiler so zu bauen, dass eine Beflammung des Klemmenkastens zu keiner Unterbrechung oder zu keinem Kurzschluss der Leitungsverbindung führt. Das Gehäuse besteht dann aus ausreichend dicken mineralischen Platten und einer Blechumhüllung **(Bild 7.2)**. Im Innern sind die Klemmen fest montiert. Sie werden erst nach Ablauf der Funktionserhaltzeit nicht mehr sicher isolieren.

Bild 7.1 Klemmenkasten zur Verbindung von Leitungen mit 30 min Funktionserhalt
Werkbild Celsion Brandschutzsysteme GmbH

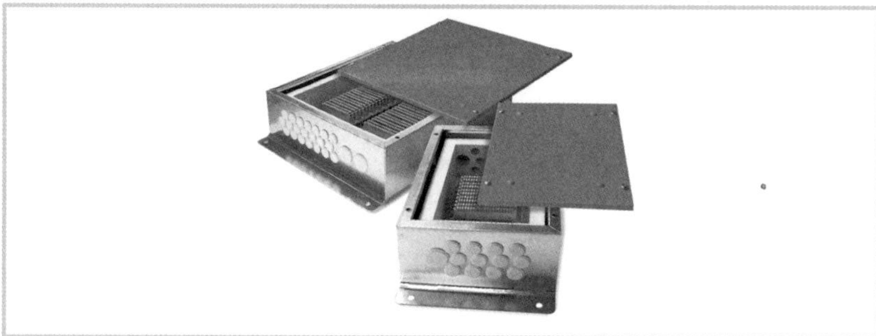

Bild 7.2 Rangierverteiler in Brandschutzausführung
Werkbild Kontaktsysteme GmbH

7.3 Stromkreisverteiler mit Funktionserhalt

Die MLAR und die daraus abgeleiteten Leitungsanlagenrichtlinien in den Bundesländern fordern für die im Zuge einer Leitungsanlage mit Funktionserhalt eingesetzten Verteiler ebenfalls einen Funktionserhalt. Der Funktionserhalt einer Leitungsanlage beginnt also bereits am Stromkreisverteiler. Dieser ist in gleicher Weise gegen Brandeinwirkungen zu schützen wie die gesamte übrige Leitungsanlage. Dieser Schutz bezieht sich auf die Funktion des Verteilers. Bei den Stromkreisverteilern zählt zur Funktionsfähigkeit neben der reinen Weiterleitung von Strom über die Klemmverbindungen auch die Funktion der Einbauten im Brandfall.

7.3.1 Eigener Raum für den Stromkreisverteiler

Eine Möglichkeit des Brandschutzes besteht darin, den Verteiler in einem eigenen Raum aufzustellen. Dieser Raum darf dann nur für diesen Verteiler genutzt werden. Die Feuerwiderstandsfähigkeit der Türen, Decken und Wände des Raumes müssen der Funktionserhaltklasse entsprechen. Für eine Sicherheitsbeleuchtungsanlage bedeutet das beispielsweise einen Raum, der mit Bauteilen der Klasse F30 abgemauert werden muss. Die Tür ist in diesem Fall in T30 auszuführen. Eine schematische Anordnung zeigt Bild 5.11. Für einen Verteiler der Stromversorgung von Wasserdruckerhöhungsanlagen zur Löschwasserversorgung oder für die maschinellen Rauchabzugsanlagen und Rauchschutz-Druckanlagen gilt dagegen die Anforderung F90 für alle Bauteile und T90 für die Tür. In beiden Fällen müssen die umschließenden Bauteile mit Ausnahme der Türen aus nicht brennbaren Baustoffen bestehen. Beachtet werden muss dabei auch eine eventuell erforderliche Lüftung für den Verteilerraum. Sollte diese notwendig werden, so sind darin Feuerschutzklappen zu verwenden, die die Anforderungen L30 oder L90 erfüllen.

7.3.2 Einhausen von Verteilern

Darunter versteht man das Verkleiden von Verteilern mit vor Feuer schützenden Bauteilen. Diese dürfen nicht brennbar sein und müssen die gleiche Feuerwiderstandsdauer wie der notwendige Funktionserhalt aufweisen. Die Türen oder Klappen der Verteiler dürfen aus brennbaren Baustoffen sein, müssen aber dieselbe Feuerwiderstandsfähigkeit haben. Allerdings dürfen die Türen oder Klappen aus brennbaren Baustoffen bestehen. Ein Nachweis der Feuerwiderstandsfähigkeit ist aufgrund der verwendeten Materialien erforderlich. Die Montage muss den Vorgaben der Hersteller genügen. In der Praxis werden bauteilgeprüfte Produkte, wie sie auch bei der Verkleidung von Leitungstrassen verwendet werden, eingesetzt. **Bild 7.3** zeigt eine derartige Anordnung. Hier sind die Systemhersteller bereits mit einer Vielzahl von Produkten auf dem Markt.

Ein Problem der so eingehausten Verteiler ist ihr Temperaturverhalten. Es muss rechnerisch nachgewiesen werden, dass die Umgebungstemperatur der eingebauten Betriebsmittel nicht über ihre betriebsmäßig zugelassene Maximaltemperatur ansteigt. Eine Folge zu hoher Umgebungstemperatur wäre die Verschiebung von Auslösekennlinien bis hin zur Funktionsunfähig-

Bild 7.3 Vorsatztür zur Erzeugung eines Funktionserhalts der dahinter montierten Verteilung in E30
Werkbild Celsion Brandschutzsysteme GmbH

keit. Eine Sicherung oder ein Leitungsschutzschalter würde also früher auslösen, und die Folge könnte ein frühzeitiges Abschalten und somit ein Ausfall innerhalb der Funktionserhaltszeit eines Betriebsmittels bei Bemessungsstromaufnahme sein.

Auch für eingebaute Verteiler gelten die Betriebs- und Umgebungsbedingungen, die in DIN EN 61439-1 (VDE 0660-600-1) für den normalen Betriebsfall festgelegt sind. Danach dürfen die Umgebungstemperaturen bei Innenaufstellung nicht höher als +40 °C und ihr Mittelwert über eine Dauer von 24 h nicht höher als +35 °C sein. Die untere Grenze der Umgebungstemperatur ist −5 °C. Die Umgebungsluft soll sauber sein und die relative Luftfeuchte der Umgebungsluft 50 % bei einer höchsten Temperatur von +40 °C nicht überschreiten. Bei niedrigeren Temperaturen dürfen höhere Luftfeuchtewerte zugelassen werden, z. B. 90 % bei +20 °C. Auf gelegentlich auftretende Kondenswasserbildung infolge von Temperaturschwankungen ist Rücksicht zu nehmen.

Die Einhaltung der Grenzwerte im Verteiler muss in allen Fällen – im dauernden Normalbetrieb wie auch im kurzzeitigen Extrembetrieb – garantiert werden. Im Normalbetrieb kann dies z. B. mittels Ventilator oder freier Strömung erfolgen. Im Brandfall müssen die Öffnungen jedoch verschlossen werden, und der Temperaturhaushalt muss sich bauartbedingt selbst regeln. Auch hier existieren fertige, in Anlehnung an DIN 4102-12 geprüfte Lösungen, die eine Funktion der Verbindungen der Leitungen garantieren.

7.3.3 Fabrikfertige Verteiler mit Funktionserhalt

Da derzeit keine Richtlinien zur Prüfung von fabrikfertigen Brandschutzverteilern existieren, erfolgt die Prüfung in Anlehnung an die Prüfvorgabe für Kabel und Befestigungsmaterial in DIN 4102-2 bzw. -12. Nach Teil 12 geprüfte Systeme müssen eine sichere Funktion aller Komponenten gewährleisten. Die Prüfung umfasst das gesamte Brandschutzsystem als Funktionseinheit, bestehend aus dem Kabel mit dem Verlegesystem, der Klemmstelle eines Verteilers und den Verteilungseinbauten. Allerdings existieren für diese Prüfung keine Temperaturgrenzwerte, mit denen die Verteilungseinbauten beaufschlagt werden. Die Hersteller, die ihre Produkte in dieser Form prüfen lassen, geben jedoch die Maximaltemperatur innerhalb des Verteilers an. Ein Vergleich mit den Normen ist sinnvoll, weil die Betriebsmittel innerhalb des Verteilers auf diese Bedingungen ausgelegt sind.

Die in den Verteilern eingebauten Betriebsmittel müssen jederzeit funktionsfähig bleiben. Das bedeutet, dass ihre maximalen Umgebungsparameter nicht überschritten werden dürfen. Ein wichtiger Parameter ist die Umgebungstemperatur. Diese darf bei den meisten in Verteilungen verwendeten Betriebsmitteln 40 °C nicht überschreiten. Weil sich die Kennlinien von Leitungsschutzschaltern und Schmelzsicherungen mit zunehmender Temperatur zu einer früheren Auslösung hin verändern, würde es eine Gefahr für den Betrieb eines zu versorgenden Systems bedeuten, wenn die Sicherung früher als bei Normalbetrieb auslöst.

Im Brandfall beträgt die Innenraumtemperatur eines geprüften Stromkreisverteilers als Standverteiler nach 90-minütiger Beflammung ca. 55 °C **(Bild 7.4)**. Das Ergebnis einer 90-minütigen Brandeinwirkung auf einen

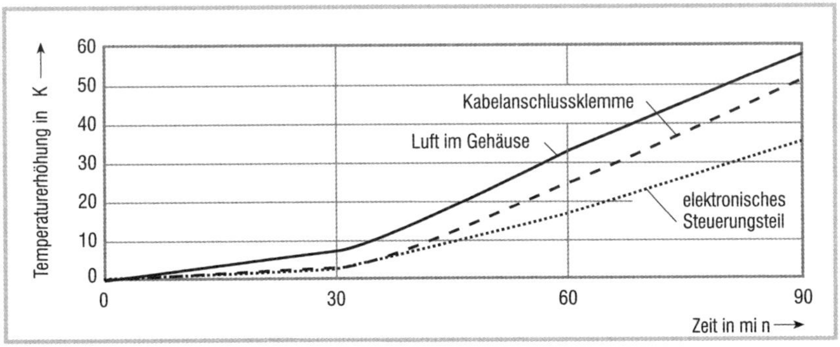

Bild 7.4 Temperaturverlauf im Innern eines Verteilers nach Swixss Brandschutzsysteme GmbH

Verteiler ist im **Bild 7.5** zu sehen. Berücksichtigt man, dass der Bemessungsstrom eines Leitungsschutzschalters bei 50 °C Umgebungstemperatur nur noch ca. 75 °C und bei 60 °C sogar nur noch 62,5 % des Nennwertes bei 30 °C beträgt, so muss der Installateur dafür sorgen, dass das Schutzgerät im Brandfall nicht fälschlicherweise zu früh auslöst. Er wird deshalb den Leitungsquerschnitt anpassen, wobei er aber auch den Schutz des Betriebsmittels bei Normalbetrieb sicherstellen muss.

Neben der Temperaturerhöhung ist auch die Feuchteentwicklung innerhalb der Verteilung zu beachten. Bei Außenbeflammung steigt die Lufttemperatur im Innern des Gehäuses. Die Luft wird mit dem verdunstenden Wasser angereichert. Dadurch steigt die in der heißen Luft enthaltene Wassermenge. Die Betriebsmittel erwärmen sich jedoch langsamer. An den kühleren Oberflächen erreicht die Luft ihren Taupunkt, und an den Betriebsmitteln schlägt sich Feuchtigkeit nieder.

In der Regel werden von den Herstellern die beiden Parameter Innentemperatur und Feuchte geprüft und in den Datenblättern angegeben. Die Auswirkungen einer Beflammung auf die eingebauten Betriebsmittel werden in **Bild 7.6** gezeigt.

Bild 7.5 Stromkreisverteiler mit Funktionserhalt E90 nach einem Brandversuch
Werkbild: Swixss Brandschutzsysteme GmbH

Bild 7.6 Einbauten einer Verteilung nach einem Brandversuch
Werkbild: Swixss Brandschutzsysteme GmbH

Ein weiteres Problem ist die im Verteiler bei Normalbetrieb abzuführende Verlustwärme. In der Einhausung geben die Oberflächen der Verteiler weniger Wärme ab als bei der offenen Montage an einer Wand. Als Gegenmaßnahme kommt eine geringere Bestückung oder die Vergrößerung des Gehäuses in Betracht. Dazu müssen die Programme der Verlustleistungsberechnung entsprechend angepasst werden.

7.3.4 Prüfung und Kennzeichnung von Verteilern

Der Hersteller einer Verteilung stellt grundsätzlich ein Produkt her. Er hat dabei den Verteiler nach den Regeln der Technik zu prüfen und ihn zu kennzeichnen.

Es ist für den Elektrotechniker ungewohnt, sich in der Rolle eines Produktherstellers zu sehen. Gesetze stellen ihm jedoch diese Aufgabe, und so hat er sie auch unter Strafandrohung zu erfüllen. Die Forderung des Gesetzgebers nach sicheren Produkten hat also auch eine zunehmende Bedeutung für das produzierende Handwerk. In die Beurteilung, ob ein Produkt als sicher einzustufen ist, fließen grundsätzlich die Prüfprotokolle ein. Dabei zeigt sich, dass die Kenntnis der VDE-Bestimmungen allein nicht ausreicht, um eine korrekte Arbeitsleistung zu erbringen; weitere Regeln, Gesetze und Normen sind zu berücksichtigen.

7.3.4.1 Gesetzliche Grundlagen

Wird im europäischen Wirtschaftsraum ein Produkt in Verkehr gebracht, so ist es zu kennzeichnen. Das europäische Recht dazu wurde im *Geräte- und Produktsicherheitsgesetz* (GPSG), seit dem 01. Dezember 2011 durch das Produktsicherheitsgesetz (ProdSG) ersetzt, und im *EMV-Gesetz* in deutsches Recht umgesetzt.

Nach diesem Gesetz sind Produkte, die in Verkehr gebracht werden, die also in den Verkauf gelangen, nach den europäischen Sicherheitsregeln herzustellen. Der Hersteller hat die Übereinstimmung mit diesen Regeln zu bestätigen. Das geschieht, indem er die Geräte nach den geltenden Regeln prüft und die Konformität bescheinigt. Äußeres Zeichen der Konformität mit den europäischen Regeln ist das auf dem Gerät angebrachte CE-Zeichen (**Bild 7.7**).

Für den Bereich der elektrotechnischen Betriebsmittel sind die Anforderungen in der „Ersten Verordnung zum ProdSG" enthalten. Diese Verordnung dient der Umsetzung der *europäischen Maschinenrichtlinie* (Richtlinie 2006/42/EG) und der *Niederspannungsrichtlinie* (Richtlinie 2006/95/EG; seit April 2016 durch 2014/35/EU ersetzt). Da der Elektrotechniker meist die Einzelteile der Verteilungen bei seinem Lieferanten bezieht und diese dann in der Werkstatt oder auf der Baustelle zu einem Stromkreisverteiler zusammenbaut und verdrahtet, ist er auch Hersteller des Produktes „Stromkreisverteiler". Ihm obliegen also alle Pflichten, die aus dem ProdSG und den Regeln der Technik herrühren.

Bei der Schaltanlage, die von einem Elektrotechniker hergestellt wird, handelt es sich jedoch nicht um eine ortsfeste elektrotechnische Anlage. Die Schaltanlage wird zwar Teil der ortsfesten Anlage, aber erst, wenn sie hergestellt und geliefert, also in Verkehr gebracht wurde. Bis dahin ist sie

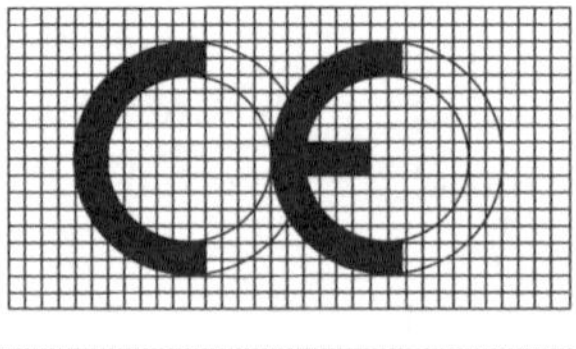

Bild 7.7 CE-Kennzeichen

ein Gerät und bleibt es auch nach der Installation der ortsfesten Anlage. Allerdings kann man es nach den Schutzzielen der EMV-Richtlinie als unerheblich ansehen, ob diese Schaltanlage, wie es bei Kleinverteilern oft der Fall ist, vor Ort oder in der Werkstatt zusammengebaut und dann geliefert wird.

7.3.4.2 Grundsätzliche Pflicht zur Kennzeichnung

Die Pflicht zur CE-Kennzeichnung für elektrische Betriebsmittel resultiert aus der *Verordnung über die Bereitstellung elektrischer Betriebsmittel zur Verwendung innerhalb bestimmter Spannungsgrenzen* (Erste Verordnung zum Produktsicherheitsgesetz, 1. ProdSV). Diese Verordnung setzt die Niederspannungsrichtlinie 2006/95/EG, seit April 2016 durch 2014/35/EU ersetzt, in deutsches Recht um und regelt die Beschaffenheit elektrischer Betriebsmittel zur Verwendung bei einer Nennspannung zwischen 50 V und 1.000 V für Wechselstrom und zwischen 75 V und 1.500 V für Gleichstrom, soweit es sich um technische Arbeitsmittel oder verwendungsfertige Gebrauchsgegenstände oder Teile von diesen handelt.

Demnach muss eine Niederspannungs-Schaltgerätekombinationen für die Verwendung innerhalb der o.g. Spannungsgrenzen sowohl für den gewerblichen als auch für den privaten Anwendungsbereich beim erstmaligen Inverkehrbringen die Voraussetzungen der 1. ProdSV erfüllen und vom Hersteller mit der CE-Kennzeichnung versehen sein. Die Konformitätserklärung nach der Niederspannungsrichtlinie muss dem Produkt nicht beigefügt sein, sondern lediglich der zuständigen Behörde auf Verlangen vorgelegt werden.

Neben der Niederspannungsrichtlinie sind gegebenenfalls weitere Richtlinien zu beachten, die eine CE-Kennzeichnung erfordern können, z. B. die EMV-Richtlinie 2014/30/EU (nationale Umsetzung: EMVG) oder je nach Verwendungszweck die ATEX-Richtlinie 2014/34/EU (nationale Umsetzung: 11. ProdSV).

7.3.4.3 EMV-Richtlinie

Die Notwendigkeit zur Kennzeichnung bestätigt auch die Richtlinie 2014/30/EU des Europäischen Parlaments und des Rates vom 26. Februar 2014 (EMV-Richtlinie).

Darin heißt es im Artikel 19 – Ortsfeste Anlagen:

(1) Geräte, die auf dem Markt bereitgestellt worden sind und in ortsfeste Anlagen eingebaut werden können, unterliegen allen für Geräte geltenden Vorschriften dieser Richtlinie.

Danach müssen die Geräte nach dem Stand der Technik so konstruiert und gefertigt sein, dass

- die von ihnen verursachten elektromagnetischen Störungen keinen Pegel erreichen, bei dem ein bestimmungsgemäßer Betrieb von Funk- und Telekommunikationsgeräten oder anderen Betriebsmitteln nicht möglich ist;
- sie gegen die bei bestimmungsgemäßem Betrieb zu erwartenden elektromagnetischen Störungen hinreichend unempfindlich sind, um ohne unzumutbare Beeinträchtigung bestimmungsgemäß arbeiten zu können.

Auch an ortsfeste Anlagen werden besondere Anforderungen gestellt. Diese sind nach den anerkannten Regeln der Technik zu installieren. Im Hinblick auf die Erfüllung der Schutzanforderungen des Abschnitts 1 der EMV-Richtlininie sind die Angaben zur vorgesehenen Verwendung der Komponenten zu berücksichtigen. Diese anerkannten Regeln der Technik sind zu dokumentieren, und die Verantwortlichen haben die Unterlagen für die zuständigen einzelstaatlichen Behörden zu Kontrollzwecken zur Einsicht bereitzuhalten, solange die ortsfeste Anlage in Betrieb ist.

Weiter geht aus der zitierten EMV-Richtlinie hervor, dass die EU-Konformitätserklärung einen Hinweis auf diese Richtlinie enthalten muss.

Anhand der technischen Unterlagen muss es also möglich sein, die Übereinstimmung des Gerätes mit den grundlegenden Anforderungen der Richtlinie zu beurteilen. Sie müssen sich auf die Konstruktion und die Fertigung des Gerätes erstrecken und insbesondere Folgendes umfassen:

- eine allgemeine Beschreibung des Gerätes,
- einen Nachweis der Übereinstimmung des Gerätes mit etwaigen vollständig oder teilweise angewandten harmonisierten Normen.

Gleichlautende Forderungen finden sich in der deutschen Fassung, dem *Gesetz über die elektromagnetische Verträglichkeit von Betriebsmitteln* (EMVG) vom 14. Dezember 2016 (BGBl. I S. 2879).

§ 3 Begriffsbestimmungen

Im Sinne dieses Gesetzes

1. sind Betriebsmittel Geräte und ortsfeste Anlagen;
2. ist Gerät
   a) ein für den Endnutzer bestimmtes fertiges Produkt mit einer eigenständigen Funktion, das elektromagnetische Störungen verursachen kann oder dessen Betrieb durch elektromagnetische Störungen beeinträchtigt werden kann,

b) eine Verbindung von Produkten nach Buchstabe a, die als Funktionseinheit auf dem Markt bereitgestellt werden,
c) ein Bauteil, das dazu bestimmt ist, vom Endnutzer in ein Gerät eingebaut zu werden und das elektromagnetische Störungen verursachen kann oder dessen Betrieb durch elektromagnetische Störungen beeinträchtigt werden kann,
d) eine Baugruppe, die aus Bauteilen nach Buchstabe c besteht,
e) ein serienmäßig vorbereiteter Baukasten, der nach der Montage eine eigenständige Funktion erfüllt und elektromagnetische Störungen verursachen kann,
f) eine bewegliche Anlage; bewegliche Anlage ist eine Verbindung von Geräten oder anderen Einrichtungen zu dem Zweck, an verschiedenen Orten betrieben zu werden;
3. ist „ortsfeste Anlage" eine besondere Verbindung von Geräten oder anderen Einrichtungen zu dem Zweck, auf Dauer an einem vorbestimmten Ort installiert und betrieben zu werden.

§ 6 Bereitstellung auf dem Markt, Inbetriebnahme
Betriebsmittel dürfen nur auf dem Markt bereitgestellt, weitergegeben und in Betrieb genommen werden, wenn sie bei ordnungsgemäßer Installierung und Wartung sowie bestimmungsgemäßer Verwendung die Anforderungen dieses Gesetzes erfüllen.

§ 18 CE-Kennzeichnung
(1) Geräte, deren Übereinstimmung mit den grundlegenden Anforderungen nach § 4 im Verfahren nach § 17 Absatz 1 nachgewiesen wurde, sind, bevor sie in Verkehr gebracht werden, mit der CE-Kennzeichnung zu versehen.

7.3.4.4 Normenvorgaben

Nach DIN EN 61439-1 VDE 0660-600-1:2021-10 werden die meisten Schaltgeräte, die unter den Anwendungsbereich dieser Norm fallen, in zwei elektromagnetischen Umgebungsbedingungen betrieben: Umgebung A und Umgebung B.

Umgebung A bezieht sich auf industrielle Niederspannungsnetze, Bereiche oder Einrichtungen, einschließlich starker Ströme, und *Umgebung B* bezieht sich auf öffentliche Niederspannungsnetze, z. B. für die Bereiche Wohnen, Gewerbe und Leichtindustrie.

Der Hersteller der Schaltgerätekombination muss, nach dem letzten Satz aus DIN EN 61439-1 VDE 0660-600-1:2021-10, Anhang J.9.4.1 angeben, für welche Umgebung (A und/oder B) die Schaltgerätekombination geeignet ist.

Eine Prüfung ist nicht erforderlich, wenn die eingebauten Betriebsmittel den EMV-Fach- und Grundnormen entsprechen und der Aufbau des Schaltgerätes nach den Herstellervorschriften erfolgte. Diese Bedingungen sind im Fall einer TSK sicher durch die fachgerechte Herstellung abgedeckt.

7.3.4.5 Herstellervorgaben

Beim Zusammenbau sowie bei der Bestückung und Verdrahtung von Niederspannungs-Schaltgerätekombinationen (z. B. anschlussfertige Verteiler-, Zähler- und Wandlerschränke) sind neben den Richtlinien, Gesetzen, Verordnungen und Normen auch die Bestimmungen der Hersteller zu beachten.

Dazu müssen die Herstellerunterlagen herangezogen werden. So gibt beispielsweise die Fa. Hager aus Blieskastel EMV-relevante Informationen zu Hager-Einbaugeräten, die für die bestimmungsgemäße Verwendung in Niederspannungs-Schaltgerätekombinationen zu beachten sind. Diese beziehen sich auf ihre EMV-Umgebung sowie auf ihre Montage und funktionsgerechte Verdrahtung.

1. Allgemeines

- *Grundsätzlich sind nur CE-gekennzeichnete Betriebsmittel, soweit sie von EU-Richtlinien betroffen sind, einzubauen.*
- *In Ausnahmefällen sind zusätzliche besondere Montage- und Installationsregeln hinsichtlich EMV zu beachten. Diese sind ggf. in den ‚Beipackzetteln' der Einbaugeräte nachzulesen.*
- *EMV-Umgebung (entsprechend DIN EN 61439-1 VDE 0660-600-1: 2021-10 Anhang J.9.4)*
- *Hager Einbaugeräte sind grundsätzlich geeignet für den Betrieb in Umgebung A.*
- *Bei vorgesehenem Betrieb in Umgebung B oder anderen Umgebungen können Einschränkungen gelten, abhängig vom jeweiligen Einsatzfall.*

Weitere Hinweise folgen in dieser Herstelleranweisung, u. a. der Hinweis, dass bei Betrieb in Umgebung B oder anderer Umgebung vorab mit dem Hersteller Rücksprache hinsichtlich des vorgesehenen Gebrauchs zu halten ist. Gegebenenfalls sind zur Beurteilung Schalt- und Projektierungspläne notwendig.

Andere Hersteller von TSK geben ähnliche Hinweise zur Einhaltung der EMV-Richtlinie. Bei Beachtung dieser Herstellervorgaben kann also die Prüfung gemäß DIN EN 61439-1 VDE 0660-600-1:2021-10 Anhang J.10.12

entfallen. Ein Verzicht auf die Kennzeichnung des fertigen Gerätes (Schaltanlage) ist damit nicht verbunden. Für diese gilt ausschließlich die europäische EMV-Richtlinie sowie das deutsche EMV-Gesetz.

7.3.4.6 CE-Kennzeichnung

Das Produktsicherheitsgesetz (ProdSG) schreibt vor, dass Produkte, die in Verkehr gebracht werden, mit dem CE-Zeichen zu kennzeichnen sind. Für die Kennzeichnung ist der Hersteller des Gerätes zuständig. Nun ist der Elektrotechniker, der die Einzelteile der Verteilung bei seinem Lieferanten bezieht und diese Teile in seiner Werkstatt oder auf der Baustelle zusammenbaut, ein Hersteller. Somit ist er auch für die Einhaltung des GPSG verantwortlich. Zur CE-Kennzeichnung gehört auch die Erklärung, dass das Produkt nach den Regeln der europäischen Sicherheitstechnik gefertigt wurde. Das geschieht mit der Konformitätserklärung. Diese wird vom Hersteller der Schaltanlage ausgestellt.

Die *EG-Konformitätserklärung* muss folgenden Inhalt haben:

- Name und Anschrift des Herstellers oder seines in der Gemeinschaft ansässigen Bevollmächtigten,
- Beschreibung der elektrischen Betriebsmittel,
- Bezugnahme auf die harmonisierten oder anerkannten Normen,
- ggf. Bezugnahme auf die Spezifikation, die der Konformität zugrunde liegen,
- Namen und Anschriften der Prüf-, Überwachungs- und Zertifizierungsstellen,
- Identität des vom Hersteller oder seinem in der Gemeinschaft ansässigen Bevollmächtigten beauftragten Unterzeichners,
- die beiden letzten Ziffern des Jahres, in dem die CE-Kennzeichnung angebracht wurde.

Die Bezugnahme auf die harmonisierten Normen wird oft in Verbindung mit den geltenden Verordnungen kombiniert. Für Schaltanlagen gelten dabei die jeweils gültigen Fassungen der Niederspannungsrichtlinie 2014/35/EU und der EMV-Richtlinie 2014/30/EU. Bei der Konformitätserklärung zu einer Maschinensteuerung ist darüber hinaus die Maschinenrichtlinie 2006/42/EG zu beachten.

Die europäischen Normen, nach denen die Schaltanlagen errichtet sind, können den jeweiligen Harmonisierungsdokumenten der für die Herstellung zu Grunde gelegten VDE-Bestimmungen entnommen werden. Für Stromkreisverteiler, die für Laien zugänglich sind, gilt DIN EN 61439. Darüber hinaus können als Grundnormen für die elektromagnetische Verträglichkeit DIN EN 6100-6-3:2011-09 für die Störaussendungen und DIN EN 61000-6-1:2007-10 für die Störfestigkeit bedeutend sein. Bei Schaltanlagen der elektrotechnischen Ausrüstung für Maschinen ist DIN EN 60204 zu berücksichtigen.

Nach Erstellung der Konformitätserklärung wird das CE-Zeichen an dem Verteiler angebracht; sinnvollerweise auf dem Typenschild. Bei Verkleinerung oder Vergrößerung der CE-Kennzeichnung müssen die aus Bild 7.7 ersichtlichen Proportionen gewahrt bleiben.

7.3.4.7 Typenschild

Jede Schaltanlage ist zu kennzeichnen. Das geschieht üblicherweise mit einem Typenschild. Darauf sind die für den Anschluss und Betrieb erforderlichen Daten zusammengefasst, sodass auf einen Blick alle wichtigen Daten der Schaltgerätekombination erkennbar sind.

Das Typenschild muss die folgenden Mindestangaben enthalten. Dabei gilt als Hersteller einer Schaltgerätekombination derjenige, der den endgültigen Zusammenbau ausgeführt hat:

- Name des Herstellers oder Ursprungszeichen,
- Typbezeichnung, Kennnummer oder ein anderes Kennzeichen, aufgrund dessen die notwendigen Informationen vom Hersteller angefordert werden können.

Folgende weitere Angaben müssen auf dem Typenschild oder in den zugehörigen Schaltungsunterlagen vorhanden sein:

- Nummer dieser Norm,
- Stromart (und Frequenz bei Wechselstrom),
- Bemessungsbetriebsspannung,
- Bemessungsnennisolationsspannungen,
- Bemessungsspannungen vorhandener Hilfsstromkreise,
- Grenzwerte für die Funktion, z. B. die maximale Stromaufnahme oder die Grenzwerte der Versorgungsspannung,
- Bemessungsstrom jedes Stromkreises,
- Kurzschlussfestigkeit,
- IP-Schutzart,
- Schutzklasse,
- Betriebs- und Umgebungsbedingungen für Innenraumaufstellung, Freiluftaufstellung oder besondere Betriebs- und Umgebungsbedingungen,

- Art des Netzsystems, für das die Schaltgerätekombination bestimmt ist,
- Abmessungen, vorzugsweise in der Reihenfolge: Höhe, Breite (oder Länge), Tiefe (gilt nicht für PTSK), Gewicht (gilt nicht für PTSK).

7.3.4.8 Dokumentation

Der Hersteller ist verpflichtet, dem Nutzer Hinweise darüber zu geben, wie das Betriebsmittel zu bedienen und bestimmungsgemäß zu nutzen ist. Diese zur bestimmungsgemäßen und gefahrlosen Verwendung erforderlichen Informationen sind auf den elektrischen Betriebsmitteln oder, falls dies nicht möglich ist, auf einem beigegebenen Blatt zu liefern. Für einen Stromkreisverteiler schließt das also beispielsweise den Hinweis auf die regelmäßige Prüfung der RCD ein. Ob dazu der auf der RCD aufgedruckte Hinweis ausreicht, ist bei der verwendeten Schriftgröße im Einzelfall fraglich. Sicher gehören aber Hinweise auf die Auslösestellung eines Leitungsschutzschalters und die regelmäßige Widerholungsprüfung zu den Informationen, die ein Nutzer des Betriebsmittels „Stromkreisverteiler" in der Dokumentation nachlesen können muss. Im Übrigen sei auf DIN EN 61439-1 VDE 0660-600-1:2021-10 und die notwendigen technischen Informationen zur Dokumentation verwiesen.

7.3.4.9 Folgen der Nichtbeachtung

Die Nichteinhaltung der genannten Vorschriften gilt als ordnungswidrig im Sinne des Produktsicherheitsgesetzes (ProdSG), gleichgültig ob dies vorsätzlich oder fahrlässig geschieht. Bringt also ein Hersteller ein elektrisches Betriebsmittel in den Verkehr, das nicht oder nicht in der vorgeschriebenen Weise mit der CE-Kennzeichnung versehen ist, oder hält er die vorgesehene Konformitätserklärung oder die vorgesehenen technischen Unterlagen nicht bereit, so kann dieser Verstoß mit einem Bußgeld geahndet werden.

8 Beurteilung von Bestandsanlagen

8.1 Begriff „Bestandsschutz"

Im öffentlichen Baurecht wird oft der Begriff Bestandsschutz verwendet. Dies geschieht vor dem Hintergrund der Eigentumsgarantie des Grundgesetzes. Daraus ergeben sich zugleich Voraussetzungen und Beschränkungen: Der Bestandsschutz schützt ganz allgemein davor, dass dem Eigentümer sein rechtmäßig erworbenes Eigentum und die sich daraus ergebenden Nutzungsmöglichkeiten wieder entzogen werden.

Baurechtlicher Bestandsschutz wird in unterschiedlichen Fällen relevant. Eine Vorschrift, die „den Bestandsschutz" abschließend regelt, gibt es weder im Bauplanungsrecht noch im Bauordnungsrecht. Vielmehr wird dem Rechtsgedanken des Bestandsschutzes jeweils in verschiedenen Spezialvorschriften Rechnung getragen.

Das Oberverwaltungsgericht für das Land Nordrhein-Westfalen definiert den Begriff des Bestandsschutzes z. B. in seinem Beschluss vom 15. April 2009, Az. 10 B 189/09 folgendermaßen:

Bestandsschutz ist der durch Art. 14 Abs. 1 Grundgesetz vermittelte Anspruch einer durch Genehmigung legalisierten oder während eines Mindestzeitraums materiell rechtmäßigen baulichen Substanz in ihrer von der Genehmigung bzw. Genehmigungsfähigkeit umfassten konkreten Nutzung, sich gegen spätere nachteilige Rechtsänderungen durchzusetzen. Bezugspunkt für den Bestandsschutz gegenüber Rechtsänderungen ist stets eine bauliche Anlage in ihrer jeweiligen Nutzung (...).

Solange ein genehmigtes Gebäude unverändert besteht, genießt es im Planungsrecht Bestandsschutz. Das Gebäude ist und bleibt formell legal und muss nicht an eine geänderte Rechtslage angepasst werden. Änderungen der Rechtslage können sich vor allem daraus ergeben, dass für eine Neuerrichtung heute andere, meist strengere, Vorschriften gelten.

Ein Verlust des Bestandsschutzes tritt hier immer ein, wenn das Gebäude so wesentlich geändert wird, dass es einer Neuerrichtung gleichkommt. Instandhaltungsmaßnahmen am bestehenden Gebäude berühren den Bestandsschutz hingegen nicht. Es ist jedoch wichtig zu erkennen, dass ausschließlich ein nach den geltenden Regeln errichtetes Gebäude oder eine Anlage Bestandsschutz genießen kann. Insoweit ist eine Überprüfung der korrekten Installation erforderlich. Sollte diese nicht richtig erfolgt sein, so ist die Installation nach den aktuellen, zum Änderungszeitpunkt gültigen Regeln auszuführen.

8.2 DIN VDE 0108, DIN VDE 0100-718 und DIN VDE 0100-560

8.2.1 Entwicklung der Normen zum Thema „Menschenansammlungen"

Der Entwicklungsgang der Vorschriften über Theater und Anlagen mit Menschenansammlungen geht bis auf das Jahr 1900 zurück. Die 1. Fassung der VDE 0108 bestand aus zwei selbstständigen Vorschriften. Später wurden die Inhalte in die „Errichtungsvorschriften für elektrische Starkstromanlagen" eingearbeitet. Im Jahre 1940 erfolgte dann eine erneute Trennung der Vorschriften. Die erste Fassung war seit Januar 1941, die zweite Fassung seit April 1959 gültig. Danach erfolgten verschiedene Änderungen bis zur erneuten Überarbeitung und Veröffentlichung der dritten Fassung, die seit dem Februar 1972 gültig ist. In dieser Fassung taucht erstmalig eine Anforderung nach einem Funktionserhalt von Beleuchtungsstromkreisen der Sicherheitsbeleuchtung auf.

In § 12 „Betriebsmittel für Versammlungsräume" heißt es unter d) 5.:
„Die Leitungen zu Leuchten in Räumen für Besucher sind so zu verlegen, dass sie durch einen Brand auf Bühnen nicht gefährdet werden können. Ihre Verteilungen dürfen nur dann im Bühnenhaus untergebracht sein, wenn sie sich in Räumen befinden, die gegen das übrige Bühnenhaus feuerbeständig abgetrennt und deren Türen mindestens feuerhemmend sind."

Diese Anforderungen wurden in den folgenden Ausgaben weiter präzisiert. In diese Zeit fällt auch die Umbenennung der Vorschrift. Der umständliche Titel „Bestimmungen für das Errichten und den Betrieb von Starkstromanlagen in Versammlungsstätten, Waren- und Geschäftshäusern, Hochhäusern, Beherbergungsstätten und Krankenhäusern" wurde in „Starkstromanlagen und Sicherheitsstromversorgung in baulichen Anlagen für Menschenansammlungen" geändert. Zusatzbestimmungen für geschlossene Großgaragen wurden aufgenommen.

Der wesentliche Schritt zur Erneuerung erfolgte dann im Jahre 1989. Die Vorschrift wurde vollständig überarbeitet und aufgeteilt. Diejenigen Festlegungen, die Aussagen über Krankenhäuser enthielten, wurden gestrichen und in DIN VDE 0107 übernommen. DIN VDE 0107 ist inzwischen als eigenständige Norm zurückgezogen und existiert in DIN VDE 0100 „Errichten von Niederspannungsanlagen; Anforderungen für Betriebsstätten, Räume und Anlagen besonderer Art“ als Teil 710: „Medizinisch genutzte Bereiche“ seit November 2002 (aktuelles Ausgabedatum Oktober 2012) weiter.

Eine Anpassung an den Stand der Technik und an die baurechtlichen Vorschriften war notwendig geworden. Die Aufteilung der Norm in einen Teil „Allgemeines“, der die grundsätzlichen Anforderungen enthält, und in weitere sieben Teile für bauliche Anlagen besonderer Art erhöhte die Übersichtlichkeit. Die besonderen Teile waren dabei immer in Verbindung mit dem Allgemeinteil zu sehen. Für Schulen waren danach über den allgemeinen Teil hinaus keine weiteren Festlegungen getroffen. Eine Ergänzung mit dem Teil 100 Sicherheitsbeleuchtung erfolgte im Januar 2005. Im Oktober 2005 wurden zudem die Teile 1 bis 8 durch DIN VDE 0100-718 in Verbindung mit DIN VDE 0100-560 und DIN EN 50172 (VDE 0108-100) ersetzt. Sie durften aber noch bis zum 1. März 2007 angewendet werden.

Damit entfielen folgende Regelungen:

- baurechtliche Regelungen
- Anforderungen den Arbeitsschutz betreffend, die von den Berufsgenossenschaften geregelt werden
- lichttechnische Anforderungen, die durch entsprechende Normen geregelt werden, wie DIN EN 1838 "Notbeleuchtung"
- Anforderungen, die durch eine Produktnorm abgedeckt werden
- Anforderungen an Einrichtungen für Sicherheitszwecke, die durch andere Normen abgedeckt werden
- grundlegende Anforderungen, die durch die Normenreihe DIN VDE 0100 abgedeckt sind.

Neu enthalten sind unter anderem die folgenden Punkte:

- Die beispielhafte Nennung der Anlagen für Menschenansammlungen wurde um Schwimmbäder, Flughäfen und Bahnhöfe erweitert.
- Der Installationsplan muss neben den bisherigen geforderten Angaben die Lage aller Kabel- und Leitungstrassen enthalten.
- Anforderungen an Erst- und Wiederholungsprüfungen.

8.2.2 Funktionserhalt der Stromversorgung besonderer Anlagen

Der Allgemeinteil der DIN VDE 0108 enthielt in einem Beiblatt 1 weitere baurechtliche Anforderungen zur Information. Bei diesen handelte es sich um das „Muster der Verordnung über den Bau von Betriebsräumen für elektrische Anlagen“ (EltBauVO) und die „Muster-Leitungsanlagen-Richtlinie (MLAR)“ in der Fassung vom September 1988. Diese sind inzwischen durch aktualisierte Fassungen aus den Jahren bis 2021 überholt. Informationen zum Brandverhalten von Kabeln und Leitungen können dem Merkblatt VdS 2134 „Verbrennungswärme der Isolierstoffe von Kabeln und Leitungen, Merkblatt für die Berechnung von Brandlasten“, was im Beiblatt 1 von DIN VDE 0108-1 zu finden war, entnommen werden.

DIN VDE 0100-560 (vormals DIN VDE 0108) geht ergänzend zu DIN 4102 im Zusammenhang mit dem Brandschutz auf den Funktionserhalt von Kabel- und Leitungsanlagen ein, die zur Versorgung wichtiger Geräte und Anlagen dienen. An erster Stelle ist dabei die *Sicherheitsbeleuchtungsanlage* zu nennen. Diese muss so lange wie möglich in Funktion bleiben. Für die Räumung eines Gebäudes ist eine ausreichende Mindestbeleuchtungsstärke sowie ausreichende Umschaltzeit und Bemessungsbetriebsdauer notwendig. Darüber hinaus werden jedoch auch für den Notfall wichtige Einrichtungen elektrisch versorgt, die bei Brandeinwirkung weiterhin funktionieren müssen. Dazu ist es erforderlich, dass auch die elektrischen Versorgungsleitungen und Verteileranlagen einem Brand standhalten.

8.2.3 Verbrennungswärme von Kabeln und Leitungen

Um die Brandlast in einem Flucht- und Rettungsweg so gering wie möglich zu halten, ist die Kenntnis der Verbrennungswärme der eingesetzten Materialien notwendig. Die *Brandlast* ist die Summe der Verbrennungswärmen aller eingebauten Materialien. Dazu gehören neben den Kabeln und Leitungen alle in dem Flucht- und Rettungsweg befindlichen Materialien, die bei einem Brand Verbrennungswärme entwickeln. Für den Elektroinstallateur ist es dabei von Bedeutung, dass auch Rohrleitungen aus Kunststoff der anderen haustechnischen Gewerke die Brandlast erhöhen. Die Unterdecken der Flucht- und Rettungswege müssen aus nicht brennbaren Baustoffen bestehen. Die noch in der MLAR 1993 geforderte maximale Brandlast von 7 KWh/m^2 in Rettungswegen bzw. 14 kWh/m^2 bei halogenfreien Leitungen wird seit der MLAR 1998 nicht mehr gefordert. Stattdessen wird generell eine offene nicht brandschutztechnisch geschützte Verlegung für brennbare Leitungen verboten. Ausnahmen dafür gibt es nur für nicht brennbare Leitungen, für Leitungen, die ausschließlich dem Betrieb eines Rettungsweges dienen und für Leitungen mit verbessertem Brandverhalten in notwendigen Fluren von Gebäuden der Klassen 1 bis 3, deren Nutzungseinheit eine Fläche von jeweils 200 m² nicht überschreiten und die keine Sonderbauten sind. Die **Tabellen 8.1** und **8.2** geben die Verbrennungswärme je m Leitung der entsprechenden Art an.

Bei der Bestimmung der Brandlast werden zunächst die Mengen der verschiedenen Kabel und Leitungen erfasst und mit der zugehörigen Verbrennungswärme je m multipliziert. Die Summe der Produkte wird durch die Grundfläche des Flucht- und Rettungsweges dividiert. Ist das Ergebnis größer als der maximal zugelassene Wert, so sind brandschutztechnische Maßnahmen zur Verringerung der Brandlast zu ergreifen.

Tabelle 8.1 Verbrennungswärme häufig verwendeter Energiekabel und -leitungen – Teil 1/2
Quelle: VdS 2134:2010-12 „Verbrennungswärme der Isolierstoffe von Kabeln und Leitungen. Merkblatt für die Berechnung von Brandlasten"

Aderzahl und Nennquerschnitt	Verbrennungswärme in kWh/m der Kabel und Leitungen NYM	NYY	NHXHX	NHXCHX
1 x 1,5	0,17			
1 x 2,5	0,22	0,22	0,22	
1 x 4	0,25	0,33	0,28	
1 x 6	0,28	0,33	0,28	
1 x 10	0,36	0,33	0,28	
1 x 16	0,42	0,42	0,39	
1 x 25	0,58	0,58	0,53	
1 x 35		0,67	0,58	
1 x 50		0,81	0,69	
1 x 70		0,92	0,81	
1 x 95		1,17	1,03	
1 x 120		1,31	1,14	
1 x 150		1,58	1,39	
3 x 1,5	0,44	0,75	0,78	
3 x 2,5	0,58	0,83	0,86	
3 x 4	0,72	1,08	1,00	
3 x 6	0,92	1,22	1,08	
3 x 10	1,28	1,42	1,28	
3 x 16	1,53	1,69	1,53	
3 x 25	2,39	2,47	2,25	
3 x 35	2,78	2,14	2,56	
3 x 50		2,60	3,19	
3 x 70		3,08	3,94	
3 x 95		4,06	5,14	
3 x 120		4,47	5,89	

Tabelle 8.1 Verbrennungswärme häufig verwendeter Energiekabel und -leitungen – Teil 2/2
Quelle: VdS 2134:2010-12 „Verbrennungswärme der Isolierstoffe von Kabeln und Leitungen. Merkblatt für die Berechnung von Brandlasten"

Aderzahl und Nennquerschnitt	Verbrennungswärme in kWh/m der Kabel und Leitungen NYM	NYY	NHXHX	NHXCHX
3 x 120		4,47	5,89	
3 x 150		5,42	7,25	
4 x 1,5	0,53	0,83	0,89	0,78
4 x 2,5	0,67	0,94	1,00	0,89
4 x 4	0,92	1,25	1,14	1,00
4 x 6	1,08	1,42	1,28	1,11
4 x 10	1,50	1,67	1,50	1,33
4 x 16	1,68	2,03	1,86	1,58
4 x 25	2,89	2,89	2,64	
4 x 35	3,28	2,61	3,00	
4 x 50		3,31	3,92	
4 x 70		4,08	4,81	
4 x 95		5,11	6,25	
5 x 1,5	0,58	0,94	1,03	0,89
5 x 2,5	0,75	1,08	1,14	1,03
5 x 4	1,11	1,44	1,31	1,17
5 x 6	1,28	1,64	1,47	1,31
5 x 10	1,83	2,00	1,83	1,53
5 x 16	2,31	2,39	2,17	1,89
5 x 25	3,42	3,42	3,14	2,69

Tabelle 8.2 Verbrennungswärme häufig verwendeter IT-Kabel und -leitungen
Quelle: VdS 2134:2010-12 „Verbrennungswärme der Isolierstoffe von Kabeln und Leitungen. Merkblatt für die Berechnung von Brandlasten"

Aderzahl und Nennquerschnitt	Verbrennungswärme in kWh/m der Kabel und Leitungen I-YY Bd	IE-Y (St)YBd
2 x 2 x 0,6	0,11	
4 x 2 x 0,6	0,17	
6 x 2 x 0,6	0,22	
10 x 2 x 0,6	0,28	
20 x 2 x 0,6	0,44	
40 x 2 x 0,6	0,81	
60 x 2 x 0,6	1,17	
80 x 2 x 0,6	1,42	
100 x 2 x 0,6	1,69	
2 x 2 x 0,8		0,19
4 x 2 x 0,8		0,28
8 x 2 x 0,8		0,42
20 x 2 x 0,8		0,83
40 x 2 x 0,8		1,50
60 x 2 x 0,8		2,14
80 x 2 x 0,8		2,83

8.2.4 Brandlastberechnung in Flucht- und Rettungswegen

Ein Berechnungsbeispiel zur Ermittlung der Brandlast in einem Rettungsweg soll die Anwendung der Tabellen 8.1 und 8.2 erläutern. **Bild 8.1** verdeutlicht die Zusammenhänge. Dabei ist zu berücksichtigen, dass der Brandlast aus den elektrischen Leitungen auch die Brandlast hinzuzuzählen ist, die von den übrigen Gewerken herrührt. Hier ist an erster Stelle die Brandlast von Kunststoffrohren zu nennen, die aus dem Gewerkebereich HLS stammt.

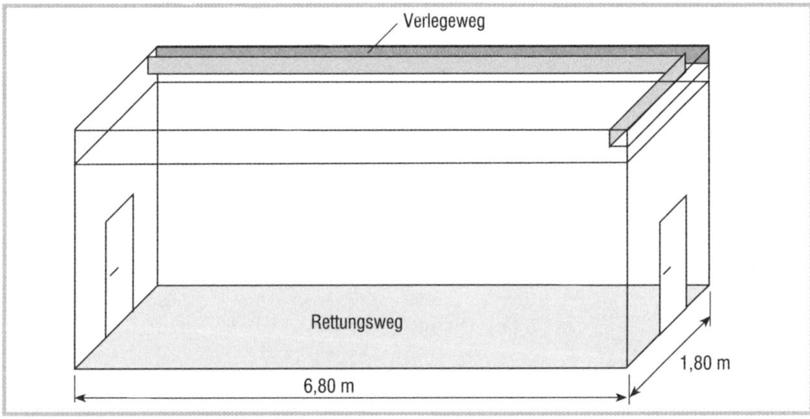

Bild 8.1 Leitungstrasse in einem Rettungsweg

Berechnungsbeispiel:
Rettungswegbreite: 1,80 m
Rettungsweglänge: 6,80 m
Länge der Leitungstrasse im Rettungsweg: 8,60 m
Die Leitungshalter sind nicht brennbar.
In der Berechnung bedeuten:

- n Anzahl der verlegten Leitungen,
- V Verbrennungswärme in kWh/m,
- l Länge der Trasse in m,
- b Breite der Trasse in m,
- A Fluchtwegfläche in m^2,
- H_u Heizwert der Leitungstrasse in kWh.

Art der verlegten Leitungen	n	V in kWh/m	l in m	$H_u = n \cdot V \cdot l$ in kWh	$A = l \cdot b$ in m²	H_u/A in kWh/m²
NYM 3 x 2,5 mm²	4	0,58	8,60	19,25		
NYM 4 x 1,5 mm²	2	0,53	8,60	9,12		
NYM 5 x 1,5 mm²	5	0,58	8,60	24,94		
IY(St)Bd 4 x 2 x 0,8 mm	3	0,28	8,60	7,22		
Befestigungsmaterial						
Verbindungsmaterial (Verteiler)						
Heizwert der Leitungsanlage				60,53		
Rettungswegfläche					12,24	
Brandlast						**4,95**

Bei Verwendung von halogenfreien Leitungen lässt sich die Kabeltrasse anders belegen. Die folgende Rechnung verdeutlicht den Unterschied.

	Mantelleitung NYM				Halogenfreie Leitung		
Art der verlegten Leitungen	n	V in kWh/m	l in m	H_u in kWh	V in kWh/m	l in m	H_u in kWh
NYM 3 x 2,5 mm²	4	0,58	8,60	19,25	0,86	8,60	29,58
NYM 4 x 1,5 mm²	2	0,53	8,60	9,12	0,89	8,60	15,31
NYM 5 x 1,5 mm²	5	0,58	8,60	24,94	1,03	8,60	44,29
Heizwert der Leitungsanlage				53,31			89,18
Rettungswegfläche	12,24 m²						
Brandlast in kWh/m², bezogen auf die Rettungswegfläche				**4,36**			**7,28**
Zulässige Brandlast				7 kWh/m²			14 kWh/m²
Auslastung der zulässigen Brandlast im Rettungsweg				**62 %**			**52 %**

Literaturverzeichnis

Gesetze und Verordnungen

Muster-Leitungsanlagen-Richtlinie (MLAR)
Musterbauordnung der ARGEBAU
Bauordnungen der Länder
Verordnungen der Länder zu Gebäuden besonderer Art und Nutzung
Verordnung (EU) Nr. 305/2011

Normen

DIN 4102 Brandverhalten von Baustoffen und Bauteilen
DIN VDE 0100-520: Errichten von Niederspannungsanlagen
DIN VDE 0100-560 Auswahl und Errichtung elektrischer Betriebsmittel – Einrichtungen für Sicherheitszwecke
DIN VDE 0105-Teil 1, Abschn. 4.3 Betrieb von Starkstromanlagen; Allgemeine Festlegungen; Löschen von Bränden (Brandbekämpfung)
DIN VDE 100-710 Anforderungen für Betriebsstätten, Räume und Anlagen besonderer Art – Medizinisch genutzte Bereiche
DIN VDE 0100-718 Anforderungen für Betriebsstätten, Räume und Anlagen besonderer Art – Öffentliche Einrichtungen und Arbeitsstätten
DIN V VDE V 0108-100 Sicherheitsbeleuchtungsanlagen
DIN EN 60695; VDE 0471 Prüfungen zur Beurteilung der Brandgefahr
VDE 0482-332 Prüfungen an Kabeln, isolierten Leitungen und Glasfaserkabeln im Brandfall
Teil1-1 Prüfung der vertikalen Flammenausbreitung an einer Ader, einer isolierten Leitung oder einem Kabel-Prüfgerät
Teil 2-2 Prüfung der vertikalen Flammenausbreitung an einer kleinen Ader, einer kleinen isolierten Leitung oder einem kleinen Kabel-Prüfgerät
Teil 3-24 Prüfung der vertikalen Flammenausbreitung von vertikal angeordneten Bündeln von Kabeln und isolierten Leitungen – Prüfart C
VDE 0482-754 Prüfung der bei der Verbrennung der Werkstoffe von Kabeln und isolierten Leitungen entstehenden Gase
Teil 1: Bestimmung des Gehaltes an Halogenwasserstoffsäure
Teil 2: Bestimmung der Azidität (durch Messung des pH-Wertes) und Leitfähigkeit

VDE 0482-1034 Messung der Rauchdichte von Kabeln und isolierten Leitungen beim Brennen unter definierten Bedingungen
Teil 1: Prüfeinrichtung
Teil 2: Prüfverfahren und Anforderungen
DIN VDE 0472 Prüfung an Kabeln und isolierten Leitungen
Teil 814 Isolationserhalt bei Flammeneinwirkung
Teil 815 Halogenfreiheit
DIN EN 13501-6:2014-07 Klassifizierung von Bauprodukten und Bauarten zu ihrem Brandverhalten – Teil 6: Klassifizierung mit den Ergebnissen aus den Prüfungen zum Brandverhalten von elektrischen Kabeln

Verbandsempfehlungen

VdS 2000 Leitfaden für den Brandschutz im Betrieb
VdS 2013 Richtlinie für den Brandschutz bei freiliegenden Kabelbündeln innerhalb von Gebäuden sowie in Kanälen und Schächten
VdS 2023 Elektrische Anlagen in baulichen Anlagen mit vorwiegend brennbaren Baustoffen
Richtlinien zur Schadenverhütung
HEA Bilderdienst 2.1 Elektroinstallation; Schutzmaßnahmen – Grundlagen

Literatur

Roth, L.; Weller-Schäferbarthold, U.: Gefährliche Chemische Reaktionen. Münster: ecomed, 2014
Schmiedel, H.: Handbuch der Kunststoffprüfung. München: Carl Hanser Verlag, 1992
Richter, E.; Fischer, H-M.; Jenisch, R. u. a.: Lehrbuch der Bauphysik. Stuttgart: B. G. Teubner Verlag, 2007
Hornbogen, E.: Werkstoffe. 10. Aufl. Berlin: Springer Verlag, 2011
Brechmann, G., u. a.: Elektrotechnik-Tabellen. 3. Aufl. Braunschweig: Westermann Verlag, 1994
Stoeckert, K.: Kunststofflexikon. 5. Aufl. München: Carl Hanser Verlag, 1973
Hochbaum, A.; Hof, B.: Kabel- und Leitungsanlagen. Berlin: VDE Verlag, 2003
Knublauch, E.: Einführung in den baulichen Brandschutz. Düsseldorf: Werner-Verlag, 1978

Schmolke, H.: Brandschutz in elektrischen Anlagen. München, Heidelberg: Hüthig Verlag, 2020

Kiefer, G.; Schmolke, H.: VDE 0100 und die Praxis. Berlin: VDE-Verlag, 2017

Firmendokumentationen

Dätwyler Cables GmbH	www.datwyler.com
DOYMA GmbH & Co	www.doyma.com
FLAMRO Brandschutz-Systeme GmbH	www.flamro.de
Hilti Deutschland AG	www.hilti.de
Knauf Gips KG	www.knauf.de
Kontaktsysteme GmbH	www.kontaktsysteme.de
OBO Bettermann GmbH & Co. KG	www.obo.de
Promat GmbH	www.promat.de
Studer Cables AG	www.studercables.com
Minimax GmbH	www.minimax.com
Hager Vertriebsgesellschaft mbH & Co. KG	www.hager.com
Adolf Würth GmbH & Co. KG	www.wuerth.com

Stichwortverzeichnis